国家重点研发计划"海洋环境安全保障"重点专项——海上交通溢油监测预警与防控技术研究及应用
渤海沉潜油监测预警与防控技术集成与示范（2016YFC1402307）

国家重点研发计划"海洋环境安全保障"重点专项——海上突发事件应急处置与搜救决策支持系统研发与应用
基于多源信息态势融合的海上溢油突发事件处置模型与知识库构建（2017YFC1405001）

全国海洋突发事件应急管理系统设计与实现

于庆云　姜锡仁　于子江　宋文鹏　张蒙蒙　等　编著

海洋出版社

2018年·北京

图书在版编目（CIP）数据

全国海洋突发事件应急管理系统设计与实现/于庆云等编著．—北京：海洋出版社，2018.9

ISBN 978-7-5210-0194-5

Ⅰ.①全…　Ⅱ.①于…　Ⅲ.①海洋环境-生态安全-突发事件-应急系统-研究-中国　Ⅳ.①X145-39

中国版本图书馆 CIP 数据核字（2018）第 225534 号

责任编辑：张　荣
责任印制：赵麟苏

海洋出版社　出版发行

http://www.oceanpress.com.cn

北京市海淀区大慧寺路 8 号　邮编：100081

北京朝阳印刷厂有限责任公司印刷　新华书店发行所经销

2018 年 9 月第 1 版　2018 年 9 月第 1 次印刷

开本：787 mm×1092 mm　1/16　印张：9.75

字数：180 千字　定价：48.00 元

发行部：62132549　邮购部：68038093　总编室：62114335

海洋版图书印、装错误可随时退换

《全国海洋突发事件应急管理系统设计与实现》

承担单位： 国家海洋局北海环境监测中心

参与单位： 国家海洋局北海分局

国家海洋局北海信息中心

《全国海洋突发事件应急管理系统设计与实现》
编写人员名单

编写人员： 于庆云　姜锡仁　于子江　宋文鹏　张蒙蒙

赵玉慧　郑　琳　曲　亮　孙乐成　孟小嵩

张中杰　王金磊　林　杨

前　言

近年来包括溢油、绿潮、赤潮、危险化学品泄漏、核泄漏在内的海洋突发事件接连发生，如蓬莱 19·3 溢油、黄岛"11·22"输油管道爆炸、日本福岛核电站泄漏、天津港"8·12"危险化学品泄漏、黄海绿潮连续多年大规模暴发等。这些海洋突发事件对水产养殖、水上运动、滨海旅游、海上交通运输等相关产业的影响尤为严重，而这些产业在海洋经济中具有举足轻重的地位。2010 年 7 月 16 日大连溢油事件和 2011 年 6 月蓬莱 19-3 油田事件，给海洋生态环境和当地的生产生活造成了巨大的损害。因此，亟须加强海洋环境灾害应急信息管理，提高应急决策能力，力争将灾害事件造成的损害降到最低。

传统应急处置业务流程涉及多单位、多部门，且时效性差，数据、产品分散，应急响应能力较差。近年来，国内外海洋机构为提升应急响应能力，分别开发了自己的海洋应急业务和管理系统，比较典型的有国家海洋信息中心通过将预报结果与 GIS 平台相结合，建立了可视化的溢油预报预警系统——渤海海域溢油应急预测预警系统，以及国家海洋局北海预报中心的黄海绿潮应急预测系统。但是，前者局限于渤海这一特定海域的溢油事件，后者局限于黄海海域的绿潮应急，不利于推广应用。另外，国家海洋局第二海洋研究所建立的长江口、杭州湾及毗邻水域涉海污染事故应急辅助决策系统，同样存在局限于特定海域这一局限性。因此，一个全国性的、可以在统一指挥平台下跨部门联动、集成多种海洋突发事件的综合性海洋突发事件应急管理系统应运而生。

全国海洋突发事件应急管理系统是以溢油、绿潮、赤潮、危险化学品泄漏和核辐射的应急管理工作为基础，建立的首个全国性的、可以在统一指挥平台下跨部门联动、集成多种海洋突发事件的综合性海洋突发事件应急管理业务系统，实现了海洋基础管理信息产品服务化、海洋突发事件应急响应管理信息化、应急响应辅助决策支持智慧化。该系统能够综合所有应急响应单位提供的各类监视监测、预警预测、应急处置、新闻通报等信息，叠加养殖区、保护区、生态红线等海洋基础管理信息，短时间在同一平台下按需形成有效辅助决策支持产品，服务于各级海洋行政主管部门和业务支撑单位，解决了目前在海洋突发事件应急管理工作中涉及部门众多、应急响应时效性低，数据格式多样、无法有效形成辅助决策支持产品，缺乏信息共享平台、部门之间信息交流不畅等现实问题。

通过系统建设和部署，制定以国家海洋局为中心，辐射地方各级人民政府、责任企业的应急协调机制，实现应急业务管理、决策支持、应急指挥调度的多层信息化需求，提高应急指挥效率；针对地方人民政府应急管理工作机制及需求，定制相关业务功能模块或预留应急信息交互接口，与地方人民政府应急管理工作无缝对接，明确职责范围，切实提高信息交互效率；与企业应急系统集成对接，解决应急管理内容不断增多、管理要求日益精准的问题，全面监管海洋石油勘探开发及沿岸石化企业风险源基本情况，提升海洋突发事件应急能力。

目前，全国海洋突发事件应急管理系统已作为渤海石油勘探开发溢油应急联合演习的常态化演习工具，成功应用于 2015 年和 2016 年联合演习。在 2016 年、2017 年和 2018 年黄海跨区域浒苔联防联控以及 2016 年秦皇岛、天津赤潮应急工作中，作为应急信息通报渠道和指挥小组信息共享平台在国家海洋局、国家海洋局北海分局、国家海洋局东海分局、山东省、江苏省、青岛市全面推广使用。该系统地应用，提高了应急指挥部门的决策能力，全面提升了我国海洋突发事件应急管理信息化水平和工作效能，实现了对我国管辖海域海洋突发事件全覆盖、立体化、常态化的监督管理目标。

本书以此为契机，围绕全国海洋突发事件应急管理系统建设，系统梳理了我国海洋生态环境安全现状（第 1 章），分析了系统建设需求及主要的关键技术（第 2 章），设计了全国海洋突发事件应急管理系统总体架构和数据库（第 3 章和第 4 章），详细介绍了全国海洋突发事件应急管理系统功能及移动端建设（第 5 章和第 6 章），并对系统在历年海洋突发事件应急工作中的应用进行了介绍（第 7 章）。

本书的编制过程中，得到了国家海洋局北海环境监测中心、国家海洋局北海分局环保处和国家海洋局北海信息中心的大力支持，主要编制人员于庆云、姜锡仁、宋文鹏、张蒙蒙、赵玉慧、郑琳、曲亮、孙乐成和孟小嵩均来自国家海洋局北海环境监测中心，于子江和张中杰来自国家海洋局北海分局环保处，王金磊和林杨来自国家海洋局北海信息中心。感谢国家海洋局生态环境保护司和国家海洋局北海分局相关领导的指导和帮助，感谢青岛恒天翼信息科技有限公司提供的宝贵经验与技术成果。本书中提到的商业产品、商标或者服务并不表明通过了相关部门的审批或者认可，且不构成任何推荐意见。

谨以此书献给参与全国海洋突发事件应急管理系统建设的各位同仁，希望能对大家的工作有所帮助。

限于编者的学识和水平，书中疏漏和不当之处在所难免，恳请读者指正。

编著者
2018 年 2 月于国家海洋局北海监测中心

目　录

1 我国海洋生态环境安全现状

1.1 溢油

海洋石油污染是指人类通过在石油开采、加工废水排放和海上交通运输等过程将石油带入海洋，导致影响海气交换，降低海洋初级生产力，危害生物生存，破坏沿岸海滩、湿地及风景区的景观等环境恶化现象。

1) 海上石油开发活动

我国海上石油开发规模不断扩大，渤海成为我国海上石油勘探开发的主要聚集区，随着渤海的海洋石油勘探开发日益活跃，菲利普斯公司、科麦奇公司等多家国际大型石油公司也相继加入。预计未来几年内，渤海的石油产量将接近或超过大庆油田，渤海将成为名副其实的"油池子"；东海和南海的原油开发规模也日益扩大。①

海上生产作业条件复杂，极易因各种原因造成海洋突发性溢油事件。近几年来，我国平均每年发生大小溢油事故 500 余起。自 20 世纪 80 年代以来，溢油事件呈上升趋势，几乎每年都发生由于井喷、漏油以及原油运输船舶的碰撞、沉没等各种原因造成的溢油事件。例如，1987 年秦皇岛港输油站溢出原油 1 470 吨；1986 年渤海 2#平台井喷，大量原油进入渤海；1998 年底，胜利油田 CB6A 井组发生井架倒伏，持续溢油近 6 个月；等等。

2) 船舶溢油

我国石油进口量自 2003 年起，年年超过 1 亿吨，海上石油运输量超过 2 亿吨。2005 年我国原油消费量在 3 亿吨左右，2010 年我国国民经济对石油的年需求量为 3 亿~3.5 亿吨，石油进口量约为 1.7 亿吨。石油进口量的迅速增加，导

---

① 高振会等．海洋溢油生态损害评估的理论方法及案例研究．北京：海洋出版社．2007．

致海上石油运输量和港口石油吞吐量逐年上升。由于石油产地与消费地分布不均，我国进口石油的 90% 是通过海上船舶运输来完成的。即使中哈、中俄输油管线建成后，仍将有 80% 以上的进口石油需从海上运输。1960—1995 年世界上共发生 43 起 1 000 万加仑以上的特大船舶溢油事故，其中 88% 发生在波斯湾至欧洲的运油航线和北美、东南亚三大石油进口区域，这说明船舶溢油事故是与石油运量密切相关的。目前中国海上石油运量仅次于美国和日本，居世界第三位，中国港口石油吞吐量正以每年 1 000 多万吨的速度增长，船舶运输密度增加，油轮向大型化发展，大量的个体油轮涌入油运市场，中国海域可能是未来船舶溢油事故的多发区和重灾区。[①]

1.2 绿潮

绿潮是在特定的环境条件下，海水中某些大型绿藻暴发性增殖、聚集而导致的一种有害的生态现象，是被视作和赤潮一样的海洋灾害。绿潮在许多国家的沿海都有发生，近年来，绿潮的发生频率、影响规模和地理范围均呈明显的上升趋势，已经成为一个世界性的生态灾害。

在我国黄海，绿潮主要由浒苔引起。自 2007 年以来，绿潮已经连续 10 年在黄海大规模暴发，成为黄海海域主要海洋生态灾害之一。绿潮暴发导致近岸海域生态系统的结构和功能崩溃，能量流动和物质循环受阻，大量营养物质在水体中累积，进而极易造成富营养化和赤潮暴发等次生灾害。绿潮暴发，大量藻体聚集漂浮，阻塞航道、破坏海洋生态系统，严重威胁沿海渔业、旅游业发展，对沿海城市旅游、水产等造成严重影响。历次绿潮均给沿海省市带来了严重的经济损失，自 2007 年起，黄海已经连续 10 年发生大规模绿潮灾害，严重影响了滨海景观和海洋生态环境，危害了渔业生产和滨海旅游产业，直接对 2008 年奥运会帆船比赛和 2012 年亚洲沙滩运动会等重大赛事活动带来威胁，造成了巨大的经济损失，并产生了不良的社会影响。

2008 年黄海绿潮灾害对在青岛海域举行的奥帆赛构成了威胁，为保证奥帆赛的顺利举办，青岛市共组织渔船 1 628 艘，出动执法船 11 艘，出动指挥艇 33 艘，参与打捞人员近 8 000 人，累计出动船只 8.39 万艘次、作业人员 36.7 万人次，打捞浒苔 40.9 万多吨，直接经济损失达 13.22 亿元。

---

① 高振会等．海洋溢油生态损害评估的理论方法及案例研究．北京：海洋出版社．2007.

2012 年绿潮发生期间正值烟台市承办亚洲沙滩运动会，为确保运动会免受绿潮影响，烟台市政府专门成立市绿潮应急处置指挥部，研究部署亚洲沙滩运动会绿潮应急处置各项工作，加强绿潮监视监测和预警预报，全力组织海上打捞和岸线清理工作。绿潮应急处置工作累计投入各种船只 8 157 艘次、车辆机械 1 964 台次、人员 54 394 人次、资金约 1.4 亿元。如此大规模和长时间的绿潮灾害，已成为制约绿潮成灾区沿海生态环境健康与经济社会可持续发展的一大障碍，因此，对绿潮防灾减灾工作提出了更高的要求。

我国历年来绿潮暴发的时间点和暴发规模因年而异。表 1-1 显示，2013 年绿潮暴发的时间最早，2016 年暴发规模最大，为 57 500 平方千米，各年的最大覆盖面积在 281~790 平方千米之间，分布面积范围在 29 522~57 500 平方千米之间。绿潮漂移路径受海面风场和环流的影响比较大。图 1-1 为 2008—2016 年绿潮漂移路径对比图。

表 1-1　2013—2017 年黄海绿潮分布特征　　　　　　　　单位：平方千米

年份	最早发现时间	消亡时间	最大分布面积	最大覆盖面积
2013	3 月中下旬	8 月中旬	29 733	790
2014	4 月上旬	8 月中旬	50 000	540
2015	4 月中旬	8 月上旬	52 700	594
2016	5 月上旬	8 月上旬	57 500	554
2017	5 月中旬	7 月中下旬	29 522	281

注：数据引自《2017 年中国海洋灾害公报》。

2017 年，浒苔绿潮发现时间较往年晚，且 6 月上旬后苏北浅滩无大规模新生浒苔绿潮，结束时间较往年早，浒苔绿潮持续时间为近 5 年最短；浒苔绿潮分布面积为近 5 年最小值，覆盖面积为 2008 年有观测记录以来的第二低值，仅高于 2012 年的 267 平方千米。

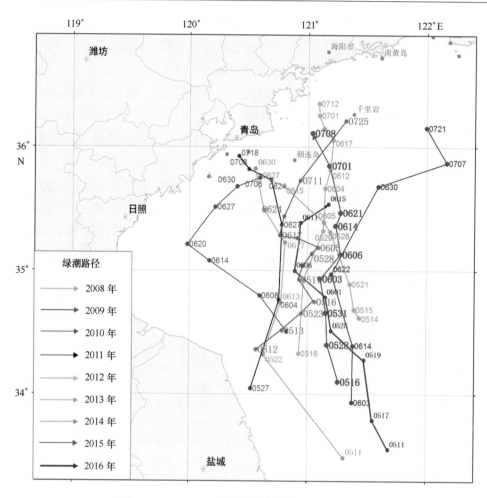

图 1-1　2008—2016 年绿潮漂移路径对比（引用）

1.3　赤潮

赤潮灾害是指因赤潮对海洋环境、海洋生物造成的灾害。赤潮是海洋中漂浮的某种或多种浮游植物、原生动物或细菌，在一定环境下暴发性增殖或聚集，使一定范围内的海水在一段时间内变色的生态异常现象。赤潮发生后，随赤潮起因、生物种类和数量的不同，除红色和黄色外，还有绿色和褐色等。赤潮的主要危害是破坏海洋环境，造成大量海洋生物和水产养殖生物死亡，严重影响海洋渔业、养殖业和旅游业。

赤潮灾害风险主要有 3 个方面：第一，一些有毒赤潮生物能够分泌麻痹性贝毒（PSP）、腹泻性贝毒（DSP）、神经性贝毒（NSP）、失忆性贝毒（ASP）等毒素，它们被贝类动物摄食后，毒素就留在贝类的内脏组织中，人类一旦食用这样的贝类就可能引起中毒，甚至死亡；第二，一些有毒赤潮生物能够分泌溶血性毒素，可导致鱼类大量死亡，而赤潮生物死亡分解时会消耗大量溶解氧，造成鱼虾因缺氧而大量死亡，还有些赤潮生物分泌的黏液会堵塞鱼虾的鳃部，导致其窒息死亡；第三，非赤潮藻类的浮游生物会大量死亡和衰减，从而使渔业生产和水产养殖遭受重大损失。

2013—2017 年我国海域发现赤潮共计 273 次（表 1-2），其中 2017 年，我国海域共发现赤潮 68 次，累计面积 3 679 平方千米，其中赤潮高发期是 6 月，发现赤潮 23 次，累计面积 1 497 平方千米。我国东海海域发现赤潮次数最多且面积最大，分别为 40 次和 2 189 平方千米（表 1-3）。

表 1-2　2013—2017 年我国海域发现赤潮次数和累计面积

年份	发现次数	累计面积（平方千米）
2013	46	4 070
2014	56	7 290
2015	35	2 809
2016	68	7 848
2017	68	3 679

注：数据引自《2017 年中国海洋灾害公报》。

表 1-3　2017 年我国各海域发现赤潮情况统计

年份	发现次数	累计面积（平方千米）
渤海海域	12	342
黄海海域	3	100
东海海域	40	2 189
南海海域	13	1 048
合计	68	3 679

注：数据引自《2017 年中国海洋灾害公报》。

1.4 危险化学品泄漏

危险化学品事故是指由危险化学品引发的危害人类生命健康、财产安全和环境保护的事故，具有发生突然性、形式多样性、危害严重性和处置艰巨性等显著特点。据不完全统计，在 2005 年 8 月至 2008 年 7 月期间（近 3 年内），我国共发生了危险化学品事故 1 565 起，累计造成 945 人死亡，8 765 人受伤。仅在 3 年里发生的危险化学品事故严重地危害了人民群众的生命和财产安全，造成巨大的经济损失和社会影响。[①]

1.5 核辐射

随着当今社会的日益发展，我国也面临着煤炭、石油和天然气等能源燃料日益匮乏的境况。核能作为一种高效清洁的能源，不仅在稳定性以及对大气环境的保护上具有明显的优势，还是一种更为经济的能源，当前核电事业在我国的蓬勃发展也正是由于这一原因。目前我国已有商业运行核电机组 15 台，在建核电机组 27 台，根据《核电中长期发展规划（2011—2020 年）》，到 2020 年，我国可能还要建设 40 多台新的核电机组。"十二五"期间我国核电机组主要建设在沿海地区，随着核电站陆续建成运转，低放射性废物等污染物进入海洋，使得近海海洋环境低放射性污染压力日益增大。

以北海区为例，已投入运行的核电站包括辽宁红沿河核电站，建设中的核电站包括山东海阳、石岛 2 处，规划筹建中的核电站包括辽宁徐大堡核电站，除此之外还在青岛、葫芦岛建有 2 处核设施。毗邻黄海的韩国及朝鲜都有较多的核电站及反应堆等放射性风险源，虽位于辖区外，但都有可能对我国海域海洋环境造成影响。因此，从北海区海洋环境安全出发，为保障海洋生态环境和公众健康，需要加强海洋放射性污染的监测及监管。

---

① 赵来军等. 我国危险化学品事故统计分析及对策研究. 中国安全科学学报，2009，19（7）：165-168.

2 全国海洋突发事件应急管理系统需求分析及关键技术

2.1 技术需求

1）实现海洋环境信息化统一管理，开展信息化标准规范建设

在海洋信息化建设过程中，要实现海洋信息化的统一管理，保证各项海洋信息化工作有序进行，标准必须先行，这就要求我们制定统一的信息化标准规范。从技术上、组织管理上把各方面有机地联系起来，形成统一的有机整体，保证海洋环境信息化建设按照统一的规范有条不紊地进行。

由于海洋环境信息标准化建设还处于初级发展阶段，还没有形成完整的体系架构以及对应的成果，而标准规范的建立又是一个复杂、困难的工作。同时，标准规范的建立过程也是一个不断螺旋上升的过程，这期间需要我们做进一步的深入研究和认真地应对。

2）实现运行维护科学化和集约化管理，不断健全运行维护体系

需要建立完善互联网技术基础架构管理系统，为海洋信息化建设成果的稳定良好运行提供可靠保障；逐步完善互联网技术服务管理流程，利用信息技术手段实现对机房设施、信息基础设备、各类系统软件和业务应用的实时监控、故障预警和有效处理，提供动态的信息运行维护，实现运行维护工作的科学化、集约化管理。

3）提升基础技术保障能力，深入推进信息化基础建设

信息化基础建设在海洋信息化建设进程中占有非常重要的位置，它是信息化整体推进的重要基础、重要支撑。深入推进信息化基础建设，将会对我国海洋环

境信息化水平的全面提升产生重要的影响。

满足业务负载的不断增长，需要扩充机房存储空间。随着未来信息化建设的发展和业务的拓宽，应用系统的增建所带来的业务负载不断增长，不仅需要对机房进行扩展建设，而且需要对应用、数据服务进行整合，以提高资源利用率，避免基础硬件设备对机房空间的无限扩张占用。

保障业务应用高效运行，需要提高存储及计算能力。为了保证业务应用系统稳定高效运行，需要对已有应用系统进行综合分析，综合考量现有所有服务器资源的计算能力，在充分利用旧设备的基础上购置高性能服务器，并对各种同类应用进行整合，重新部署，为关键应用提供足够的资源。

2.2 功能需求

实现赤潮、绿潮、溢油、化学品泄漏和核辐射等海洋突发事件的应急管理信息化、规范化、高效化，提升应急管理工作的时效性。

（1）加强应急信息管理的高效化与规范化，提高海洋突发事件应急管理工作的信息化程度。

实现赤潮、绿潮、溢油、化学品泄漏和核辐射等海洋突发应急事件的全程相关数据、视频、音频、图片、文档等信息的集成与快速分析，实现统一的应急资源的交换、共享、管理，加强海洋突发事件应急信息管理能力。

用信息化手段规范应急业务工作，实现各类海洋突发事件应急响应流程系统化水平，优化业务工作流程，提高应急业务工作中的办公自动化程度，提升应急响应工作的时效性。

（2）完善各级应急管理部门的协调机制，提升应急响应能力。

制定针对以国家海洋局为中心，辐射地方各级人民政府、责任企业的应急协调机制，通过系统开发及部署，实现应急业务管理、决策支持、应急指挥调度的多层信息化需求，提高应急指挥效率。

针对地方人民政府应急管理工作机制及需求，定制相关业务功能模块或预留应急信息交互接口，严格按照相关应急预案制定应急协调机制，明确职责范围，实现与地方人民政府应急管理工作的无缝对接，提高信息交互效率，为地方政府切实履行应急管理职责提供科学、全面、有效的技术支撑。

实现与企业应急系统的集成对接，解决应急管理内容不断增多、管理要求日益精准的问题，全面监管海洋工程勘探开发及沿岸石化企业风险源的基本情况，提升海洋突发事件预警能力。

（3）加强海洋突发事件应急模拟演习，提高应对突发事件的风险意识，检验应急预案效果的可操作性，提高海洋突发事件应急反应能力。

实现虚拟海洋突发事件的模拟，调用系统内各种数据及虚拟资源，模拟海洋突发事件发生、发展的过程，实现对特定海洋突发事件应急响应过程的模拟推演。

通过组织海洋突发事件的应急模拟演习，能够发现应急预案中存在的问题，在突发事件发生前暴露预案的不足，验证预案在应对可能出现的各种意外情况方面所具备的适应性，进一步完善应急预案；检验应急工作机制是否完善，应急反应能力是否提高，各部分之间协调配合是否一致。从而达到：提高各级应急主管部门应对突发事件的分析研判、决策指挥和组织协调能力，提高应急执行人员熟悉突发事件情景，提高应急熟练程度和实战技能，改善各应急组织机构、人员之间的交流沟通、协调合作。

（4）加强应急管理工作的信息整合能力，利用大数据技术为应急管理工作提供数据支持和保障，提升应急管理部门决策指挥效率。

面对应急管理工作内容日益增多、数据量信息量日益增大的现状，针对应急指挥决策效率日益提高的需求，加强应急管理信息整合分析能力。基于应急业务工作产生的大量数据及信息，为应急决策提供及时、全面、简便的辅助决策信息，提升应急管理部门的决策指挥效率。

综合所有应急响应技术单位提供的数据信息，根据应急决策需求，整合有效信息，短时间内全面简练地在系统底图上进行统一展示，并将关键风险源、应急力量列表存储，实现"一张图"上的综合辅助决策信息动态展示，"一张表"内的应急响应关键信息存储。

根据应急管理工作需求，开发实现不同关键内容的文档流转和查询功能，实现应急管理工作的公文流转业务流程，并根据决策指挥需求，实现各类应急报告通报的整合功能，为应急指挥决策提供每天"一报告"辅助决策支持。

（5）提高海洋环境业务应用支撑能力，建设业务应用支撑平台。

为加强国家海洋环境保护部门各信息系统的关联性，避免形成信息孤岛，我国海洋环境突发事件应急管理系统建设应进行应用支撑能力建设，通过对数据交换与共享、用户身份认证、环境地理信息系统、工作流引擎集成，实现对海洋环境信息化的应用支撑，建立应用支撑平台，增强国家海洋局北海分局内部各应用系统之间的关联性，提高应用系统集成与整合能力。

由于大部分海洋环境管理对象都与空间有关，围绕北海区海洋环境数据资源，以空间数据应用为重点，强化基于 GIS 数据的可视化展现，提升海洋环境数据的可视化能力、海洋环境业务的支撑能力。需要建设环境地理信息系统，充分利用 GIS 的空间优势，全面应用于海洋突发事件应急管理的监视监测、模拟预测、应急决策支持、应急处置和环境影响与灾害损失评估等业务中，实现海洋环境业务"一张图"。由于"一张图"建设所涉及的数据量巨大，需要研究海量空间数据存储管理关键技术，探索统一的数据管理和应用服务模式。

（6）服务公众。

以提升海洋突发事件应急管理服务效能为目标，面向政府、公众、企业和内部职责部门的信息服务需求，通过信息发布平台，及时发布海洋突发事件预警预报信息及应急处置信息，从而为政府、企业在海洋突发应急事件处置工作中提供技术依据，同时保障公众的环境知情权。

2.3 非功能性需求

（1）易用性：系统操作简便，便于操作员快速掌握系统操作方法，只需进行很少的培训，操作者就可以使用系统，系统设计与它的目标使用者业务技术水平相匹配。

（2）容时性：当用户做一些处理时间比较长的操作时，能给用户恰当的提示信息，如"系统加载，请稍后"等。在返回数据量过大导致响应时间过长的时候，能提供部分响应，如分页操作、减少用户的等待时间等。

（3）统一性：界面要求简洁、清晰、美观、大方，操作界面的设计风格统一，具有人性化特点。

2.4 性能需求

（1）系统采用构件化和面向对象的技术，具有灵活的扩展性和良好的可移植性。

（2）系统充分考虑今后的横向和纵向的平滑扩容能力，具有良好的兼容性、可移植性及可扩展性，系统易于升级和优化，并为将来建设的系统预留接口。

（3）系统应满足同时在线用户 1 000 人，最大并发用户 100 个。

（4）系统要求满足日常交互内容的前台终端的响应时间在 5 秒以内，个别复杂计算的响应时间不超过 10 秒。

（5）系统需每周 7×24 小时不间断工作，每年累计中断时间不超过 1 小时；系统要保障数据的一致性、完整性，数据准确率要到达 99.99%，对人工输入的数据及接口数据要进行合法性检查，对数据进行自动纠错或提醒人工干预。

（6）本系统软件采用 B/S 结构设计和结构化软件开发方法进行开发，划分成许多功能模块，当用户的一些需求如操作方式发生变化，我们将较容易对本系统软件进行适当的修改，以满足用户的需求。

2.5　安全需求

由于此次项目建设系统中的信息敏感性较强，为防止保密信息的泄露，系统的安全性要求较高。

应用系统应定期备份，具有安全监督功能、故障和异常警告功能、应用权限管理功能，开发、测试和正式运行系统有严格的区分。

应用系统的用户管理、权限管理充分利用操作系统和数据库的安全性；应用软件运行时有完整的日志记录。

保障系统的接口安全，系统采用三层（多层）结构，外围系统不直接存取本系统的数据，通过本系统提供的接口服务进行数据交换。提供完整的数据传输监控和报警处理。

系统中关键信息均加密存储、传输。系统数据在用户内网内传输，外网不得访问。

系统建设同时严格按照并符合国家信息化建设的相关安全要求。

2.6　关键技术

在全国海洋生态环境监督管理系统内部专网的关键节点上，建设数据中心，对外统一提供计算资源服务，实现各类信息数据资源的共享，为信息服务系统提供基础设施支撑环境。依托构建的全国海洋突发事件应急管理系统的"海洋专有云",使全国海洋突发事件应急管理子系统运行于云平台上,并通过软件控制使云平台落地,切实为信息系统服务。构建局域网内的计算集群和存储集群,基于虚拟化技术和分布式存储技术,实现资源调度系统,向上层信息服务中心提供虚拟资源服务、数据存储服务以及应用部署服务。将全国海洋突发事件应急管理系统软件按照组件化的技术体制重新构建,使软件面向服务,并打散服务与服务之间、服务与数据之间的紧耦合关系,使其具有高度的可扩展性和便捷的可维护性。

2.6.1　基于瓦片技术的服务器动态缓存技术

传统的 WebGIS 是实时请求地图服务器传输地图,反映了地图的现时性。而基于地图瓦片服务框架首先预生成规矩的瓦片地图存储于硬盘目录下,地图以链接图片的方式快速定制。

地图缓存是快速访问地图服务的有效方式,目前流行的 Google 地图、MapBar 地图等在线地图都是通过缓存地图的方式提供高效的地图访问速度。例如,在 Google 地图中,地图数据由大量的正方形图片组成。共有 18 级缩放比例,每个地图图片都有坐标值,由 X 和 Y 值构成。比例因子取值范围是 $0 \sim 17$。操作地图滑竿显示更大比例尺地图时,图片的数量发生裂变。两种模式在请求及响应的速度方面有明显的差异,基于地图瓦片服务框架的响应速度要快于传统的 WebGIS,同时地图服务器的负载也相应小一些。

在最新的 ArcGIS Server 版本中引入了动态缓存技术,即 ArcGIS Server 地图服务在发布后,将可以依照指定的缓存级数将数据库中的空间数据、正射影像数据转换成不同级别的静态图片并存储在 Web 服务器中。客户端从缓存中获取静态的瓦片来代替动态渲染的地图服务,在 ArcGIS Server 端称为"缓存的地图服务"。Web 服务器程序可以使用通过虚拟目录来在地图服务中使用切片缓存。如果数据发生变化可以采用不同的策略来进行更新瓦片,保证数据的现时性。

2.6.2　基于策略的数据并发机制

流程化的数据并发处理机制基于数据处理调度组件,该组件是数据收集与分发系统进行数据处理的核心,是基于多线程技术的任务调度引擎,完成请求解析、资源分配、任务执行及状态跟踪。其优点为基于成熟算法运用动态加载技术构建多个工序的数据预处理服务，实现热插拔；通过线程池与作业队列完成大数据量的并发处理；基于闭环控制模型实现系统自治和动态调整。

针对不同种类的业务资料，需要经过不同的数据加工处理流程，按照各种加工处理算法生成符合业务要求的各种资料。其业务本质需要满足并行化的流水线作业机制，即不同种类的资料分别进入到不同的生成加工流水线同时进行并行化的处理，以满足不同种类海量数据的及时和高效加工。

2.6.3 采用大颗粒复用组件的技术路线

基于组件的开发是普通应用程序开发的变体，它具有如下特点。

（1）应用程序由各自独立的组件组成，这些组件的开发和部署保持相对的独立性，而且很可能是由不同的团队开发和部署的。

（2）通过仅对这种应用程序的某些组件进行升级，从而对其进行小幅度的升级。

（3）组件可以在不同应用程序之间共享，因此可对它们复用，但同时也产生了项目之间的依赖关系。

（4）尽管并非与基于组件完全密不可分，但基于组件的应用程序倾向于分布式结构。

（5）建设多种信息技术渠道的解决方案，多渠道共享业务逻辑。

（6）分层是从逻辑上将子系统划分成许多集合，而层间关系的形成要遵循一定的规则。通过分层，可以限制子系统间的依赖关系，使系统以更松散的方式耦合，从而更易于建设、维护和升级。

2.6.4 监测数据接入及数据交换技术

从岸基在线监控站、浮标在线监控站和实验室监测获取海洋在线监测数据，并传输到全国海洋突发事件应急管理系统中，此项功能的实现是系统各项功能实现的关键和基础，是实现数据交换的关键和基础。针对海洋在线监测数据种类多，格式不统一的问题，在系统详细设计中将深入分析各类监测数据的数据格式、采集频率等，并针对数据接口的公共问题和个性问题分别进行设计，以实现数据获取的全面性、高效性、及时性和稳定性。

在数据交换设计中，通过在前端与中心端分别配置服务器，部署适配器。同时，从数据接入接口开发、各类适配器的开发入手，确定数据抽取方式和数据交换规则，并通过数据合法性比对、校验和审核，形成一套完整的交换机制。

2.6.5 多源空间数据转换技术

在项目建设的过程中涉及的数据类型包括：矢量数据、多源影像数据、文档数据和数据库表数据。传统的空间信息应用系统都采用数据格式的转换方法来达到数据的集成或利用，数据格式转换不仅需要专有的转换工具，而且其转换质量难以保证。因此，在项目数据库建设中提供一种不改变原有的空间数据模型标准和数据表示方法的异构数据集成途径，以实现高效的多源异构数据快速集成。

2.6.6 基于 ArcSDE 技术的长事务处理技术

企业级 GIS 是一个一体化的多部门的系统，既要满足组织内部单一的要求，又要满足综合的需要，为 GIS 和非 GIS 人员访问地理信息和服务提供条件。数据服务器包含了要发布为服务的 GIS 资源。对于大多数 GIS 服务器，这些资源通过 ArcSDE 管理在基于关系型数据库的 Geodatabase 中。在任何一个 ArcGIS Server 的应用系统中，为了满足这种企业级需求，基于 ArcSDE 技术的长事务处理的多用户 Geodatabase 都是至关重要的。另外，ArcSDE 发生冲突时的协调更新机制。应支持数据库复制、历史归档、版本和非版本编辑，支持跨平台和跨数据库技术，为数据库建设奠定坚实的基础。

2.6.7 虚拟化技术

虚拟化是一个广义的术语，在计算机方面通常是指计算元件在虚拟的基础上而不是真实的基础上运行。虚拟化技术可以扩大硬件的容量，简化软件的重新配置过程。处理器的虚拟化技术可以使用单处理器模拟多处理器并行，允许一个平台同时运行多个操作系统，并且应用程序都可以在相互独立的空间内运行而互不影响，从而显著提高计算机的使用效率。虚拟化技术是云计算技术的基础，是计算机发展史上一个重大的技术进步，具体表现在减少软件虚拟机相关开销和支持更广泛的操作系统方面。

虚拟机（Virtual Machine，VM）指通过软件模拟的具有完整硬件系统功能的、运行在一个完全隔离环境中的完整计算机系统。虚拟机是对真实计算环境的抽象和模拟。虚拟机软件可以在计算机平台和终端用户之间建立一种环境，而终端用户则是基于这个软件所建立的环境来操作软件。虚拟机管理器（Virtual Machine Management，VMM）如 Virtual Box、VMWare WorkStation 会为每个虚拟机分配一套数据结构来管理它们状态，包括虚拟处理器的全套寄存器，物理内存的使

14

用情况，虚拟设备的状态等。通过虚拟机软件，我们可以在一台物理计算机上模拟出另一台或多台虚拟的计算机，这些虚拟机完全就像真正的计算机那样进行工作。

服务器虚拟化是在实体服务器（或硬件资源池）上利用虚拟化技术形成多个主机分别运行不同的服务应用来实现信息服务的支持，如数据库、地图服务、Web 应用和文件共享等。与实体主机服务器相比，虚拟化的服务器具有改善资源分配、提高资源利用率、节约能源、减少运维成本、快速增加服务器、快速部署应用、消除硬件厂商锁定、降低单点故障率、提高灾难恢复能力、隔离应用以及历史投资保护等显著优点。

2.6.8　信息服务技术

海洋信息服务集成以光纤、卫星、无线等各种通信网络技术为依托，以用户的个性化需求为中心的新型的信息服务。在这种集成化的信息服务模式下，用户可以忽略对数据来源、产生方式、获取方式的差异，实时地传递、交换和共享各种信息资源。信息服务技术包括信息检索服务和信息发布服务。信息检索服务主要包括面向网页等文本文件的定题检索、面向图书/文献的全文检索、面向图像/视频的元数据检索、面向数据库/专业文件格式的结构化查询检索，它通过"查全率、查准率、时间开销及存储代价"3 个指标进行衡量，信息检索服务的成果以信息索引和目录服务两种方式提供，服务方式包括检索界面服务和检索接口服务两类，前者直接提供给最终用户，后者可以由其他系统调用并进行二次开发。信息发布服务的主要技术包括协议、规范及在其基础上实现的方法学、技术及应用支持。

2.6.9　SOA 技术

面向服务的体系结构（Service-Oriented Architecture，SOA）是一种架构模型和一套设计方法学，其目的是最大限度地重用应用程序中立型的服务以提高互联网技术适应性和效率。它可以根据需求通过网络对松散耦合的粗粒度应用组件进行分布式部署、组合和使用。服务层是 SOA 的基础，可以直接被应用调用，从而有效控制系统中与软件代理交互的人为依赖性。

SOA 将应用程序的不同功能单元（称为服务）通过这些服务之间定义良好的接口和契约联系起来。接口是采用中立的方式进行定义的，它应该独立于实现服务的硬件平台、操作系统和编程语言。这使得构建在各种这样的系统中的服务可以以一种统一和通用的方式进行交互。这种具有中立的接口定义（没有强制绑定到特定的实现上）的特征称为服务之间的松耦合。松耦合系统的好处有两个：一是它的灵活性；二是当组成整个应用程序的每个服务的内部结构和实现逐渐地发生改变时，它能够继续存在。而另一方面，紧耦合意味着应用程序的不同组件之间的接口与其功能和结构是紧密相连的，因而，当需要对部分或整个应用程序进行某种形式的更改时，它们就显得非常脆弱。

对松耦合系统的需要来源于业务应用程序需要根据业务的需要变得更加灵活，以适应不断变化的环境，比如，经常改变的政策、业务级别、业务重点、合作伙伴关系、行业地位以及其他与业务有关的因素，这些因素甚至会影响业务的性质。我们称能够灵活地适应环境变化的业务为按需（On demand）业务，在按需业务中，一旦需要，就可以对完成或执行任务的方式进行必要的更改。

Web Service 并不是实现 SOA 的唯一方式，在 Web Service 建立过程中尤其需要找到业务的操作和业务中所使用的软件的操作之间的转换点。因此，SOA 应该能够将业务流程与技术流程联系起来，并且映射这两者之间的关系，因而，业务流程、技术流程也可以在 SOA 的设计中扮演重要的角色。动态业务的业务流程不仅可以包括部门之间的操作，甚至还可以包括与不为用户控制的外部合作伙伴进行的操作。由于 SOA 的开放性特点，所有服务都必须处于一个信任和可靠的环境之中，以便同预期的一样，根据约定的条款来执行流程。

3 全国海洋突发事件应急管理系统总体设计

3.1 总体指导思想

全国海洋突发事件应急管理系统建设按照立足长远、统筹规划的原则，完成了系统平台的总体方案设计和各分子系统、模块的建设。

3.1.1 深入系统分析

全国海洋突发事件应急管理系统平台的功能需求和指标要求，充分借鉴国内外类似系统成功经验，分析各种系统框架结构、软件设计风格和使用特点等，找出现有运行系统的优点和存在的缺陷，使各个子系统的设计充分借鉴这些系统的优点，做到起点高、观念新和技术先进。

对海洋风险管理与应急指挥系统的功能需求和业务流程进行认真细致的梳理，降低软件复杂度，既保证系统可靠性又不失其易扩展的能力，使得系统可以更好地服务于用户。

同时，在系统分析时与相关单位进行充分的交流和沟通，不仅限于任务要求，还主动深入了解各业务单位在前期的工作积累和系统未来的建设规划，使系统项目与海洋应急业务的整体规划相适应，为未来系统的平滑升级、扩展打好基础。

3.1.2 保护已有资源

需求分析、总体设计过程中充分考虑系统的兼容性、可扩充性，从接口、流程、数据集、协议、规范和标准等方面予以充分设计，保证资源协调共享，使当前项目建设能最大限度地保护已有投资和资源。

3.1.3 立足现状

在系统设计前掌握目前海域专网的工作模式，各科室业务流程和软硬件环境等实际情况，需要在目前国家海洋局北海分局应急工作的现状基础上完成系统的总体设计和实施步骤。

3.1.4 建设工程化运行系统

本项目的建设充分贯彻模块化、通用化、系列化设计思想，遵循规范性、先进性、扩展性、实用性、安全性、可靠性、开放性和可维护性原则，充分考虑批量化、自动化的可配置生产，不断完善质量保证和保密体系，严格控制产品质量、强化安全与保密管理，遵循现代系统工程管理原则，运用先进的软件工程支持工具，有效地控制系统各开发个阶段质量和进度，确保产品总体质量。

3.1.5 注重顶层设计

全国海洋突发事件应急管理系统建设的重点从标准采用、系统集成、系统设计和人机工程化等方面充分做好顶层设计。

1）制定技术规范

该项目建设中涉及的内外部交互信息的数量多，类型复杂，因此，在该项目启动初期，项目技术人员便与各业务人员共同进行有关技术接口规范的制定，以保证各系统之间信息交互的准确无误。为了确保系统从设计和建设之初就具有开放性和规范性，制定的各类规范将严格遵循国家和行业标准。

2）优化系统体系结构

平台系统软件架构设计中，在考虑满足目前海洋管理业务需求的基础上，应该充分考虑系统的扩展性要求，便于系统能够方便地进行扩充升级以满足后续业务扩展的要求。

3）人机工程设计

系统将在界面设计方面进行精心设计，形成总体风格统一、清晰美观、操作方便，并可灵活扩展的人机交互界面。

3.1.6　加强项目过程控制

在项目建设过程中，采用公司通过 ISO 9000 质量保证体系的管理方法，以及公司通过的 CMMI 三级的管理办法，并把 CMMI 的思想也结合到项目中。为了提高环境系统的可靠性，在项目研制过程中将严格按照软件工程规范，由独立的测试工程师队伍分别进行软件的确认测试、系统测试、系统验收测试等，对测试中出现的问题及时定位及归零，充分保证所研发系统的质量。

3.2　系统总体建设原则

1）规范性原则

充分考虑用户环境工作的现状，满足工作程序化、规范化的要求。符合技术发展方向的信息化系统的集成；选择符合开放性和标准性的产品和技术进行系统总体结构建设，应用软件开发严格遵循国家和行业规范要求，符合应急管理业务工作的实际情况；符合国际信息产品标准、符合我国环境信息化建设标准规范；符合我国环境流程规范及管理要求。

2）先进性原则

创新海洋突发事件应急管理机制，按照高标准、全覆盖、较先进的要求，融合地理信息、三维可视化表达、海洋环保专有云技术、组件式开发技术、视频监控、物联组网、数据挖掘等技术，结合监视、监测等新技术手段，实现各种应急管理信息的动态采集、及时传输、高效加工与发布，提升系统总体先进性。

系统的整体设计采用行业中先进技术产品，具有较长的产品生命力，系统设计中充分考虑系统的发展和升级，采用模块组件封装、统一框架等先进的技术，运用国内外先进的计算机技术、信息技术、通信技术、现代软件开发管理技术和 GIS 技术等较为先进的技术指标，采用先进的体系结构和技术发展的主流产品，保障系统的高效运行，确保系统能适应现代信息技术高速发展，在一定时间内不落后，避免以后的投资浪费。采用信息交换技术，保持信息的一致性，保证信息统一公用的输出格式。在整体设计思想上，也具有一定超前性，一方面最大限度地保护用户的现有投资；另一方面，使系统具有较强的生命力。从而保证系统的便利性、可维护性、科学性和先进性。

3) 拓展性原则

系统建设采用模块化技术，程序和数据规范化，保持系统内部结构合理，便于扩展和应用。在新增业务要求或部门发生变化时，能在不影响系统稳定性的前提下方便调整，预留足够空间和扩展接口以适应管理需求的不断变化，使系统能与其他外部应用系统无缝连接，具有良好的拓展性。

4) 实用性原则

系统建设中充分考虑现有资源与国家海洋局现行和在建系统，最大限度地与现有网络和数据库兼容，系统软件能在各单位原有机器、设备上运行。系统建设界面友好、结构清晰、流程合理，功能一目了然，充分满足用户的使用习惯，注重解决实际问题，实现使用方便、投资较低、风险可控。

充分考虑系统的实用性和易用性，系统的人机界面完备和简洁明了，容易操作，避免复杂的菜单选项，系统参数可配置性强。充分利用图像、图表等比较直观的展现效果，符合办公人员的操作习惯，并能提供实时、有效、准确的数据信息，为环境管理工作逐步提高决策的科学化和透明度，进一步提高资金利用率和海洋管理水平。

5) 安全性原则

应急管理信息中将涉及保密信息，在系统建设中通过建立统一的用户权限管理，完整、合理的身份认证，确保身份的真实和系统的安全、合理运行；在敏感信息的传送中采用加密技术，防止重要信息的泄漏。同时，对重要操作要进行日志记录，并可对这些操作日志进行审计。在建设与软件开发中采用安全保密技术措施，实施访问控制和数据安全管理，确保系统的可控性，定期开展安全状况评估，建立应急预案。

6) 可靠性原则

保证系统运行稳定可靠，由于系统涉及大量的重要数据，所以，一方面系统从硬件底层做到安全可靠；另一方面软件系统制定严格的权限安全体系，确保不被非法窃取。根据业务量分析和预测，考虑系统设备的处理能力，系统具有冗余的处理能力，考虑系统在平时和峰值情况下，安全可靠运行的设备和数据备份机制，确保系统每周 7×24 小时的稳定运行。设置有系统日志，能自动记录全部操作过程，保证系统可靠运行。同时，能根据自身需求设置权限管理机制进行不同级别的权限划分。

7）开放性原则

在设计上充分考虑系统功能、系统数据和业务的扩展性，系统支持主要的行业标准、规范和协议，能运行目前业界支持的主流组件技术开发的各种应用软件，坚持开放式系统结构设计，构建灵活开放的体系结构，保障现有数据库的数据移植、有效利用以及将来与内外其他系统的数据交换，同时留有充分的扩展接口，保证系统的可伸缩性。如在机构人员调整及用户需要时，能方便地加入新的设备及其支持软件，并保证系统的完整性不受影响。

在总体设计中，采用开放式的体系结构，使系统容易扩充，使相对独立的分系统易于进行组合调整。有适应外界环境变化的能力，即在外界环境改变时，系统可以不做修改或仅做小量修改就能在新环境下运行。使网络的硬件环境、通信环境、软件环境、操作平台之间的相互依赖减至最小，发挥各自优势，为系统扩展、升级及不可预见的管理模式的变化留有余地。同时，保证网络的互联，为信息的互通和应用创造有利的条件。

8）可维护性原则

采用简单、直观的图形化界面和多种输入方式，最大程度地方便非计算机人员的使用。提供统一的图形化的维护界面，维护人员通过简单的鼠标操作即可完成对整个系统的配置和管理。

3.3　系统总体建设策略

系统总体建设策略提供宏观的方向和范围指导，有助于明确互联网技术规划和相关工作的方向，为互联网技术相关决策提供基础性的参考标准。制定互联网技术建设策略的目的是通过缩小可能的选择范围，保障互联网技术人员基于更合理的方案选择范围做出更高效的决策，以提高投入产出比率。互联网技术建设策略可以协助互联网技术相关工作实现：集中关注反映互联网技术目标和远景的解决方案，通过排除同已明确的原则不一致的选择，以基于一系列更合理地选择范围进行决策。

这些建设策略是该项目对架构的主要建议的基础。尽管一些建设策略看起来很理论化，但实际上它们对技术架构乃至组织结构的形成都有着重要的影响。

依据环境信息化目标，基础、应用、安全、数据、运行维护和标准 6 个方面组成信息化框架结构，如图 3-1 所示。

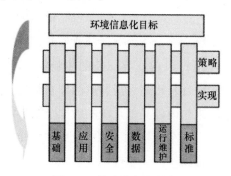

图 3-1　信息化框架结构

3.3.1　基础建设策略

标准化建设和资源整合策略。所有技术基础设施构成都必须遵循行业中被广泛接受的开放性标准；充分整合利用原有的设备和网络资源，不进行重复建设，避免资源浪费。

3.3.2　应用系统策略

1）软件系统

统一系统技术标准，注重利用现有系统；规范海洋系统技术标准，作为新建和改造系统的重要依据。

2）软件实现

业务为主、技术为辅策略；在系统建设过程中，重点关注业务实现，不盲目追求新技术、新概念，以满足实际业务管理需要为唯一出发点。

3）系统平台

集成策略。合理选择应用系统和数据库集成方案，注重在用户、应用系统和数据库层次上的信息系统集成，把系统集成和互用性作为系统设计的主要决定因素。

4）系统管理

主体集中策略。应用系统的部署尽量集中，对系统应先考虑集中管理，由于受技术条件的约束，无法实行集中管理的，考虑分散管理。

5）实施模式

规范方法策略。应用软件实施标准化，使用经过 ISO 9000 及 CMMI3 验证的方法管理应用系统实施项目。

3.3.3 安全策略

管理与技术结合、分级与分区结合策略。在应用防火墙、防病毒、入侵检测、安全认证、备份等技术手段的同时，结合国家、行业标准进行安全检查、评估、审计，制定统一的安全标准、访问控制机制、应急机制和安全管理制度。

3.3.4 数据资源策略

1）数据采集

源头采集，标准统一策略。尽量在源头采集数据，可确保数据的准确性、及时性和适用性，保证数据质量，使重复劳动最小化，同时逐渐建立统一的数据标准，新开发的信息系统必须依照数据标准设计。

2）数据应用

授权访问、风险防范、数据分层处理策略。基于不同的工作需要，授予不同的权限，在权限范围内，合法用户可以很便捷地访问信息。信息共享，消除信息的单一纵向流动。根据数据的使用目的和特点，进行分层管理和部署，将业务处理数据与决策分析数据进行分层处理。

3）数据管理

责权明确策略。业务对数据的所有权是设计原则的基础，必须明确数据管理人员的角色和职责权限。

4）数据备份

多种备份方式共用策略。结合实际情况，采取完全备份、增量备份及差异备份相结合的方式。

3.3.5 运行维护管控体系策略

1）运行维护组织

统一指导、统一部署、分工合作策略。在运行维护组织上，分局互联网技术运行维护组织对省、市及直属单位信息化运行维护人员进行业务指导，省、市及直属单位设立自己的互联网技术运行维护部门。

2）运行维护人员

注重培养策略。在运行维护人员方面，进行培训和激励，优先培养信息技术员工能力，信息技术部门应带动个人能力的发展。

3）运行维护管理

加强共享，运行维护过程标准化策略。共享信息技术支持和服务，制定合理的管理流程、管理制度及管理标准。

3.3.6 标准体系策略

1）标准制定

参照执行策略。参照国际、国家、行业标准，执行国家环境保护标准，在此基础上，制定符合实际的环境信息化标准体系框架。

2）标准框架

分类别、分级别策略。将标准化体系框架分门别类，保证信息化标准体系结构清晰、级别分明，形成一个各级别、各类别之间相互协调、配套的整体。

3.3.7 开发技术和规范

1）软件设计策略

系统的设计是严格按照下列要求进行的。

满足需求：满足系统招标的实际需求并兼顾业务发展需要进行设计。

先进高效：有针对性地采用多种先进的技术和设备，系统响应迅速，系统整体性能优异。

可靠安全：使用自主开发的备份和恢复手段以求达到系统高可用性；通过严格的口令管理和完备的加密手段提高系统的安全性。

易于扩展：提供良好的接口，最大限度地利用现有资源。

2）采用国家及行业标准

系统的指标体系标准、数据接口标准、网络通信方式、业务规范、信息数据项、信息分类编码标准和有关技术标准将严格执行国家有关规定。应用系统采用标准的数据接口规范；网络通信将采用标准的 HTTP 协议完成；编码规范采用国家通用标准编码方式；数据项将严格按照数据库设计通用规范。

3）基于三层结构体系的设计

应用系统基于三层体系形式进行构建，系统为信息处理提供用户服务、业务应用服务和数据管理服务，主要包括网络服务模块、业务应用服务模块和数据库模块 3 个基本部分。

这种结构不仅把客户机从沉重的负担和不断对其提高性能的要求中解放出来，也使技术维护人员从繁重的维护升级工作中解脱出来。这种三层结构在层与层之间相互独立，任何一层的改变不会影响其他层的功能。

与两层结构相比，三层结构增加了中间层，即应用逻辑层。中间层基本上是用户为了获取数据需要（通过表示层）调用的代码。表示层接收到数据后将其格式化并显示出来。这种应用逻辑与用户界面的分离极大地提高了应用设计的灵活性，我们可以在不改变应用逻辑的情况下采用不同的用户界面，只需要应用逻辑提供给表示层一个明确的接口。

4）基于 SOA 架构进行总体设计

本系统的应用软件系统的总体架构基于 SOA 的思想进行设计。SOA 基于组件和服务进行架构，这种思想总体架构设计提供了基本的设计思路。根据 SOA 架构思想进行设计，并基于 SOA 架构进行整个项目的业务和数据支撑平台设计，能够为各项应用系统提供基础支撑。

5）活动目录

本系统采用活动目录对使用系统的所有用户进行统一身份认证和权限管理，

实现单一登录和统一的授权模型，而不再需要对每个业务系统单独开发用户权限管理功能。

目录服务是在分布式计算环境中，定位和标示用户以及可用的网络资源，并提供搜索功能和权限管理的服务机制。将网络系统中的各种网络设备、网络服务、网络账户等资源信息集中起来进行管理，为使用者提供一个统一的清单。通过对目录服务数据库的维护来管理网络上众多的计算机、网络设备、打印设备、共享文件、共享打印、网络账户等基本信息和安全信息，提供对系统资源及服务的跟踪定位，使各种资源和服务对用户透明，用户不必知道资源的具体位置就可以方便地访问它们。目录服务的核心是一个树状结构的信息目录，将各类信息有次序、有层次的结构进行组织。

活动目录是从一个数据存储开始的。其特点是不需要事先定义数据库的参数，可以做到动态地增长，性能非常优良。在这个数据存储之上已建立索引，可以方便快速地搜索和定位信息。活动目录的分区是域，一个域可以存储上百万个对象。域之间还有层次关系，可以建立域树和域森林，并可无限地扩展。在数据存储之上建立了一个对象模型，以构成活动目录。这一对象模型对 LDAP 完全支持，还可以管理和修改 Schema。Schema 包括了活动目录中的计算机、用户和打印机等所有对象的定义，其本身也是活动目录的内容之一，在整个域森林中是唯一的。通过修改 Schema，用户或开发人员可以自己定义特殊的类和属性来创建所需要的对象和对象属性。

活动目录包括两个方面：目录和与目录相关的服务。目录是存储各种对象的一个物理上的容器，从静态的角度来理解这活动目录与我们以前所结识的"目录"和"文件夹"没有本质区别，仅仅是一个对象，是一实体；而目录服务是使目录中所有信息和资源发挥作用的服务，活动目录是一个分布式的目录服务，信息可以分散在多台不同的计算机上，保证用户能够快速访问，因为多台机上有相同的信息，所以在信息容氏方面具有很强的控制能力，正因为如此，不管用户从何处访问或信息处在何处，都对用户提供统一的视图。

6) 应用系统安全可靠性

为了保证应用系统的兼容性和通用性，我们将严格按照国家相关技术标准进行系统的设计、开发。

另外，系统将提供严谨的用户权限管理，防止数据的恶意破坏。通过用户权限管理，不同的用户根据设置的权限不同，只能编辑浏览与自己工作有关的数据，并进行详细的操作记录，做到有据可查。

系统中保存着大量的环境管理业务信息。信息的保护是在对系统中主体（人）和客体（信息）进行正确的标识与标注的基础上，通过实施主体对客体的访问控制来实现的。本系统信息安全分别从用户（主体）权限管理、主体对客体的访问控制以及数据安全 3 个方面来实现。

（1）用户权限管理需求

① 系统能够为用户分配用户标识符 UID，并保证用户的唯一性。

② 系统支持用户的分级和分组管理机制。

③ 系统能够设定用户访问权限的有效日期、有效的时间段。

④ 系统能够提供可靠的用户身份认证手段，如密码、生理特征识别等。

⑤ 权限管理满足最小授权原则，使每个用户和进程只具有完成其任务的最小权限。

（2）访问控制需求

① 系统能够支持主体和客体之间的多种对应关系，并提供灵活的调整手段。

② 系统能够提供包括用户名的识别与验证、用户口令的识别与验证、用户账号的缺省限制检查等多道安全检查。

③ 系统能够支持按照自主访问控制规则对用户进行访问控制，即按照用户与被访问对象（文件等）的关系来决定是否允许访问。

（3）数据安全

① 系统能够支持用强制访问控制规则对用户进行强制访问控制检查，即根据该用户在多级安全模型中所具有的安全属性（等级和范畴）、本次访问操作所涉及的客体（如文件）在多级安全模型中所具有的安全属性（等级和范畴）来确定这次访问是否被允许。

② 系统能够防止用户经过被允许路径以外的其他访问路径，隐蔽地实现某些越权的非法访问。

③ 系统能够将主体对客体的每一次访问记录在日志文件中，并提供分析和审计功能。

7）技术规范

系统建设中所使用的技术规范符合以下标准。

（1）支持 XML 技术

应用软件支持安全 XML（Extensible Markup Language）扩展标记语言技术；

支持 HTML（Hypertext Markup Language）超文本标记语言和 XML 技术，实现元素粒度的精细安全（加解密、签名、验签等）和授权访问控制服务；同时为保证系统效率，还应提供元素组级的安全（加解密、签名、验签等）和授权访问控制服务。

　　系统将使用 XML 标准作为数据交换的基础，开发的 XML Parser 能快速地将交换数据快速解析后交应用服务器（Application Server）依照业务逻辑加以应用；保证不同系统、不同部门之间数据的交换具备充分的扩展性，以适应未来业务的变化。

　　（2）支持组件技术

　　组件或者构件技术是应用级别的集成技术，其基本思想是将应用软件分解成为一个个独立的单元，将软件开发过程转变成为类似于"搭积木"的搭建过程，通过组装不同的软件组件单元来实现软件的集成。按照组件技术的观点，应用软件的开发就成为各种不同组件的集成过程。

　　（3）支持面向对象设计

　　在系统建设中，应用软件的设计将采用面向对象的设计方法，根据海洋业务来设计建模进行系统分析，建立海洋部门业务分析模型，确定业务对象的静态关系、状态变化和相互作用关系。

3.4　系统业务流程

　　根据国家海洋局、各海区分局、沿海省（市、区）的海洋突发事件的应急响应预案及应急响应执行程序等确定系统的业务流程图（图 3-2～图 3-4）。

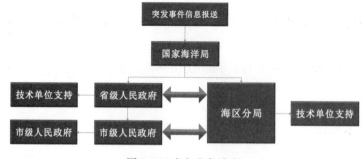

图 3-2　应急业务流程

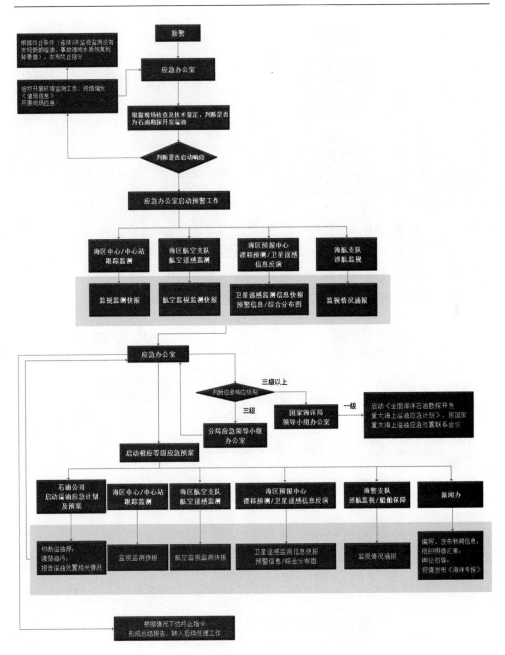

图 3-3　溢油应急业务流程

29

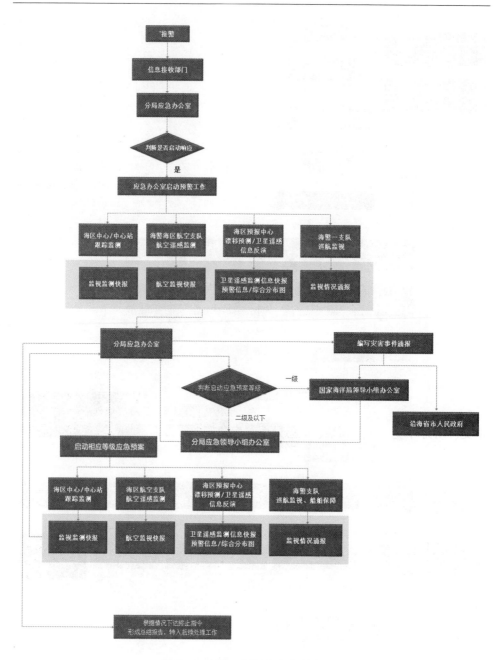

图 3-4　赤潮、绿潮应急业务流程

3.5 系统总体功能设计

全国海洋突发事件应急管理系统主要依据应急管理的主要工作内容和应急响应流程，实现对赤潮、绿潮、溢油、化学品泄漏和核辐射等应急事件的定位、周边分析、应急与跟踪监测、模拟预测、应急预案、应急力量与调配、灾害损失评估等的信息化管理，全面提高应急响应能力。

主要功能包括环境影响监视监测、应急决策、应急模拟预测、灾害损失评估、应急信息发布；辅助功能包括应急基础地理信息展示、应急监视监测信息展示、应急模拟预测展示、应急指挥调度、视频会商等。

系统功能设计基于应急管理工作业务流程设计，由不同功能模块实现应急管理的信息化。根据海洋突发事件应急业务流程和主要工作内容，设计系统总体功能主要实现以下功能。

1) 综合信息管理

应急管理工作中涉及的基础地理、社会经济、功能区划、监视监测、气象、水文、动力环境、应急预案、应急处置、应急资源等方面基本信息能够在此模块下进行查询、统计分析及管理。

2) 环境影响应急监视监测管理

查询、分析和显示管理应急管理工作中船舶、浮标、卫星、飞机等应急监视、监测产生的数据、视频、图片等信息产品。

3) 应急模拟预测与预警预报管理

查询、分析和显示溢油、赤潮、绿潮、核辐射等灾害的发展趋势、消长、影响范围等模拟预测与预警预报产品。

4) 应急指挥决策

在应急指挥平台下实现应急管理工作的总体指挥决策，完成应急管理工作的监视、监测等方案管理、应急预案管理、应急快报、通报的管理、应急力量的调配、应急预警预报等信息的发布。

5）应急处置管理

实时显示应急处置力量的调配、分布情况。

6）环境影响与灾害损失评估管理

能够上传、查询、分析、显示和管理溢油、赤潮、绿潮、核辐射等海洋突发事件对海洋环境影响与灾害损害评估产品。

7）应急信息发布平台

根据海洋突发事件应急响应工作流程和预案，对应急管理各部门之间的内部快报通报的传递进行管理。按照应急响应执行程序等级定期对外发布应急预警预报、应急处置等信息。

8）审批管理

系统中所有任务的上传下达、实施方案的提交、应急数据的提交以及各种工作报告的提交和传达，都需要经过领导的同意之后才会从系统中发送出去。

系统功能模块结构如图 3-5 和图 3-6 所示。

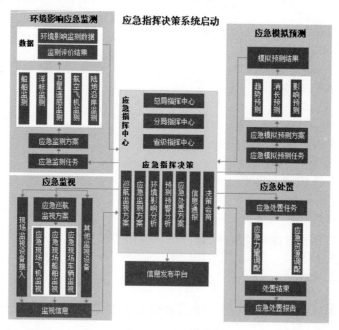

图 3-5　功能模块衔接

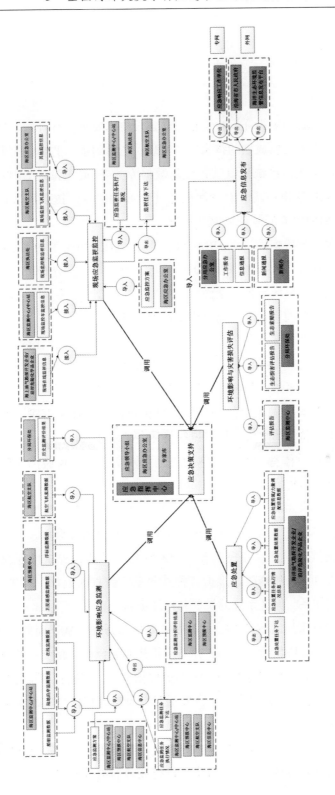

图 3-6 系统数据流

3.6 系统总体技术路线

本系统设计符合国家海洋局环境信息化建设技术要求，符合国家软件行业相关标准，并基于业界比较成熟的技术路线实现，考虑到系统的建设需要与已有的业务系统和硬件集成，系统将以结构化的数据库为基础，通过.NET技术架构、XML技术统一数据交换格式、因特网服务（Web Service）技术提供标准的接口规范以及SOA面向服务的体系架构来实现。

利用大型关系型数据库（如ORACLE、DB2、SQL Server）在性能、安全性、可靠性、数据一致性、分布式处理数据的优势，统一规划，分布组建，有效地整合应急数据以及外部系统数据，全面建设环境应急数据库，使用数据仓库技术用于支持辅助决策功能的实现，面向分析型数据处理。

系统能够单点登录并提供统一的系统集成功能，提供可视化的自定义工具，用户能够自定义和修改、维护各种外部系统信息的追加，提供一个动态、规范、高效集成体系，保证系统的扩展和持续更新。

（1）系统建设符合国家海洋局环境信息化建设相关技术要求，符合国家软件行业相关标准，符合国家海洋局信息平台建设技术要求。

（2）系统建设总体基于业界成熟的先进技术实现，避免脱离实际，按实际需要确定功能结构与规模。

（3）利用大型关系型数据库在性能、安全性、可靠性、数据一致性、分布式处理数据的优势，统一规划，分布组建，有效地整合系统数据。

（4）系统能够单点登录并提供统一的系统集成功能，提供可视化的自定义工具，用户能够自定义和修改、维护各种外部系统信息的追加，提供一个动态、规范、高效集成体系，保证系统的扩展和持续更新。

（5）系统设计采用B/S结构，采用.NET技术开发，基于面向服务（SOA）的总体架构建设。模块化设计，既能独立运行又能组合在一起统一管理运行。

（6）将此次建设的信息系统与GIS图形化相整合，打破各系统各自为政、接口互不兼容的局面，实现遥感影像、矢量数据及基础地理信息等多源信息和环境数据进行有机融合。

（7）项目开发完毕后将提供完整的技术文档，同时，提供全方位的技术支持服务，提供完整的项目实施组织方案，进行完善的项目管理。

3.6.1 面向对象的分析和设计方法

系统建设将采用面向对象的分析和设计方法进行设计，严格按照软件工程的理念来对项目具体实施过程中的规划、管理、开发、风险评估及规避等事务进行严格控制，并采用成熟的模型与方法来对业务、需求、设计、开发、测试和实施等各阶段进行规范。这些面向对象的软件工程方法，包括面向对象的分析方法、面向对象的建模技术、面向对象的编程技术等。我们将按照软件工程的思想和技术要求进行项目需求分析、系统设计、编码、测试和维护、质量控制和项目的管理，并依据需要在各个阶段都提供完备翔实的文档。保证系统具有灵活的需求适应性、连续性和稳定性。

3.6.2 基于 XML 技术标准

系统遵循国际统一的 XML 数据通信标准，提供开发性的应用系统接口，为系统的升级和集成提供很好的基础服务平台。提供各种业务数据的加工转换，并通过该标准进行系统之间的协作和数据通信。

基于 XML 的新一代互联网，网管已经成为当今网络管理发展的新趋势，越来越多的设备、服务及平台都支持 XML 技术。

XML（eXtensible Markup Language，可扩展置标语言）是由 W3C（互联网联合组织）发布的一种标准，它是一种数据交换格式，允许在不同的系统或应用程序之间交换数据，通过一种网络化的处理机构来遍历数据，每个网络节点存储或处理数据并且将结果传输给相邻的节点。它是一组用于设计数据格式和结构的规则和方法，易于生成便于不同的计算机和应用程序读取的数据文件。

XML 是一种使用标记来标记内容以传输信息的简单方法。标记用于界定内容，而 XML 的语法允许我们自行定义任意复杂度的结构。

采用基于 XML 的网络管理技术采用 XML 语言对需交换的数据进行编码，为网络管理中复杂数据的传输提供了一个极佳的机制。XML 文档的分层结构可以对网络管理应用中的管理者——代理模式提供良好的映射，通过扩展样式表转换语言（eXtensible Stylesheet Language Transformations，XSLT）样式表可以对 XML 数据进行各种格式的重构和转换，加上 XML 已经被广泛应用于其他领域，各种免费和商业的 XML 开发工具发展异常迅速，因此使用 XML 来定义管理信息模式和处理管理信息十分便利。

3.6.3　采用 SOA 的系统架构

本系统采用 SOA 系统架构，SOA（Service Oriented Architecture），面向服务的体系结构是一种组织架构，SOA 是基于开放的 Internet 标准和协议，支持对应用程序或应用程序组件进行描述、发布、发现和使用的一种应用架构。SOA 支持将可重用的数据应用作为应用服务或功能进行单独开发集成，并可以在需要时通过网络访问这些服务或功能。通过 SOA，开发者可以对不同的服务或功能进行组合以完成一系列的业务逻辑与展现，最终可让用户像使用本地桌面业务组件一样方便地调用服务或功能等各种资源。

3.6.4　采用 Microsoft . NET Framework 平台

系统开发平台采用 . NET 平台，依据实际的业务需要进行系统的定制开发及实施工作，最大限度地满足项目需求。

Microsoft . NET Framework 是一个完善而且透明清楚的基础架构，用于建立 Web Services（因特网服务）。. NET Framework 提供了应用程序模型及关键技术，让开发人员容易以原有的技术来产生、部署，并可以继续发展具有高安全、高稳定，并具高延展的 Web Services。对于 . NET Framework 而言，所有的组件都可以成为 Web Services，Web Services 只不过是另一种形态的组件罢了。微软将 COM 的优点整合进来，它可以不用像 COM 那么严谨地来栓锁两个对象，. NET Framework 以松散的方式来栓锁 Web Services 这种形态的组件。这样的结果让开发人员非常容易地发展出强而有力的网络服务组件，提高了整体的安全及可靠性，并且大大地增加系统的延展性。

. NET Framework 的目的就是要建立 Web Services 以及因特网应用程序的工作变得简单，. NET Framework 包括了 3 个部分：第一个部分是 Common Language Runtime（CLR，所有 . NET 程序语言公用的执行时期组件）；第二部分是共享对象类别库（提供所有 . NET 程序语言所需要的基本对象）；第三个部分是重新以组件的方式写成的（旧版本则是以 asp. dll 提供 ASP 网页所需要的对象）。

. NET Framework 具有两个主要组件：公共语言运行库和 . NET Framework 类库。公共语言运行库是 . NET Framework 的基础。可以将运行库看作一个在执行时管理代码的代理，它提供内存管理、线程管理和远程处理等核心服务，并且还强制实施严格的类型安全以及可提高安全性和可靠性的其他形式的代码准确性。事实上，代码管理的概念是运行库的基本原则。以运行库为目标的代码称为托管代码，而不以运行库为目标的代码称为非托管代码。

.NET Framework 的另一个主要组件是类库，它是一个综合性的、面向对象的可重用类型集合，可以使用它开发多种应用程序，这些应用程序包括传统的命令行或图形用户界面（GUI）应用程序，也包括基于所提供的最新创新的应用程序（如 Web 窗体和 XML Web services）。

.NET Framework 可由非托管组件承载，这些组件将公共语言运行库加载到它们的进程中并启动托管代码的执行，从而创建一个可以同时利用托管和非托管功能的软件环境。.NET Framework 不但提供若干个运行库宿主，而且还支持第三方运行库宿主的开发。

3.6.5 采用 B/S 结构设计

B/S（Browser/Server）结构，即浏览器/服务器模式。这种模式统一了客户端，将系统功能实现的核心部分集中到服务器上，简化了系统的开发、维护和使用。

B/S 结构具有操作简单、维护和升级方式简单、成本降低、选择更多的优点，在这种结构下，用户工作界面是通过万维网浏览器来实现，极少部分事务逻辑在前端（Browser）实现。但是，主要事务逻辑还须在服务器端（Server）实现，形成所谓三层架构。这样就大大简化了客户端电脑载荷，减轻了系统维护与升级的成本和工作量，降低了用户的总体成本。

3.6.6 采用 Web Service 技术构建

系统使用的 Web Service 技术在很大程度上使项目建设更具科学性和安全性，提供了协同的能力，Web Service 的一个最基本的目的就是提供在各个不同平台的不同应用系统的协同工作能力。Web Service 主要由以下几块技术所构成：SOAP（Simple Object Access Protocol），WSDL（Web Service Description Language）以及 UDDI（Universal Description, Discovery and Integration）。

3.6.7 基于地理信息服务的技术架构

基于地理信息服务的技术构造，集成 3S 技术，即遥感技术（RS）、地理信息系统（GIS）和全球定位系统（GPS），构成一个强大的应用技术体系，可实现对各种空间信息和环境信息的快速、机动、准确、可靠的收集、处理与更新，为分析、决策提供重要的支持平台，提供满足用户需求的地理信息服务。通过地理信息服务接口实现空间信息与海洋专题信息的集成，并以可视化方式展示集成结果，形成最终的 GIS 应用。同时可以利用 GIS 系统提供的二次开发功能，建立 GIS 与大气、水模型的集成，在具体实现上采用松散结合、紧密结合、完全集成的方式来实现。

3.6.8　基于策略的数据并发机制

流程化的数据并发处理机制基于数据处理调度组件，该组件是数据收集与分发系统进行数据处理的核心，是基于多线程技术的任务调度引擎，完成请求解析、资源分配、任务执行及状态跟踪。其优点为：基于成熟算法运用动态加载技术构建多个工序的数据预处理服务，实现热插拔；通过线程池与作业队列完成大数据量的并发处理；基于闭环控制模型实现系统自治和动态调整。

针对不同种类的业务资料，需要经过不同的数据加工处理流程，按照各种加工处理算法生成符合业务要求的各种资料。其业务本质需要满足并行化的流水线作业机制，即不同种类的资料分别进入到不同的生成加工流水线同时进行并行化的处理，以满足不同种类海量数据的及时和高效加工。

3.6.9　采用大颗粒复用组件的技术路线

基于组件的开发是普通应用程序开发的变体，它具有如下特点。

（1）应用程序由各自独立的组件组成，这些组件的开发和部署保持相对的独立性，而且很可能是由不同的团队开发和部署的。

（2）通过仅对这种应用程序的某些组件进行升级，从而对其进行小幅度的升级。

（3）组件可以在不同应用程序之间共享，因此可对它们复用，但同时也产生了项目之间的依赖关系。

（4）尽管并非与基于组件完全密不可分，但基于组件的应用程序倾向于分布式结构。

（5）建设多种信息技术渠道的解决方案，多渠道共享业务逻辑。

（6）分层是从逻辑上将子系统划分成许多集合，而层间关系的形成要遵循一定的规则。通过分层，可以限制子系统间的依赖关系，使系统以更松散的方式耦合，从而更易于建设、维护和进化。

3.7 系统性能设计

系统性能要求主要体现在响应时间要求、维护速度要求、数据存储能力要求等几个方面。系统软件设计和开发必须充分考虑并尽量满足这几个方面的性能要求。系统设计充分考虑系统稳定性，新业务功能的增加或扩充不应影响原有业务的正常处理。在利用本系统正常的工作中，不出现妨碍工作顺利进行的系统错误或意外中止的情况。

3.7.1 并发数及响应时间

系统在正常情况和极限负载条件下，能够处理不断增加的访问请求，具有良好的性能扩展能力。对用户查询的响应时间控制在合理范围内。

系统满足同时在线用户 1 000 人，最大并发用户 100 人。

系统满足日常交互内容的前台终端的响应时间在 5 秒以内，个别复杂计算的响应时间不超过 10 秒。

3.7.2 工作时间

系统能够每天 24 小时连续不间断工作，工作数据收集、装入的时间安排合理，不影响用户日常使用，同时有较好响应能力。每年累计中断时间不超过 1 小时。

系统维护只需最少的调整和预防性维护以及运行维护。

3.7.3 数据完整性

系统要保障数据的一致性和完整性，数据准确率要到达 99.99%，对人工输入的数据及接口数据要进行合法性检查，对数据进行自动纠错或提醒人工干预。

本系统数据存储采用本地存储和光纤通道 SAN 等先进的存储技术，光纤存储使存储速度、查询统计速度得到大幅度提高，同时本系统采用独特的索引结构，利用合理索引等文件组织方法，可以加快数据的查询速度和减少系统的响应时间；可以使表与表之间的连接速度加快。在进行海量数据的查询、统计、分析的过程中，允许处理器和内存的占用率提升及网络带宽占有量的加大，但在操作结束后，能够及时释放所占用的资源，以保证工作人员利用电脑顺利进行其他的工作。

3.7.4 数据备份性能

对数据库可实现完全备份和差量备份。通过每周完全备份，短时日志差异化备份，实现大量潜在恢复点，可恢复点具有可恢复性、一致性和可读性保证，并可以被直接恢复到原始数据库、同一或不同的服务器或者到磁带介质。

数据库系统数据是应用系统中最重要的，系统可以实现每周对整个数据库全备份。这个备份是做数据库灾难恢复的基础。另外，系统每天做数据库的增量备份（即日志备份），以实现数据库的时间点恢复。

对于不同应用的表空间，本系统还可设定独立的备份策略以加强其安全与恢复的能力。数据库数据的保存时间设定原则为：可以将在线数据保留几个版本以保证安全性，一般情况下仅有最新的版本需要恢复。

3.7.5 系统恢复性能

对异常情况出现后的系统恢复问题，包括对系统运行平台的恢复以及数据的恢复，要采用较先进的技术，在保证数据恢复正确的前提下让系统得以正常运行和操作，不影响日常的办公工作。

在发生灾难时具有对备份数据的良好的可恢复性，所需恢复的文件，触动恢复功能，软件将自动驱动存储设备，加载相应的存储媒体，然后恢复指定文件。

对非数据库文件的恢复可以做到原路径恢复、重定向路径恢复、跨节点恢复、跨平台恢复；触动恢复功能，恢复最近一次的全备份数据；完成事故报告。

3.7.6 系统可靠性指标

本系统在应用集成框架中，将各种业务功能划分为层次分明的不同粒度的接口，并在不同层次的接口实现上采用统一的检查机制杜绝类似的参数误传以及不合法参数传递等问题的出现，并在系统底层提供标准日志。系统自动形成日志，并设有多重密码保护机制，密码可由系统管理员设置。系统具备安全检查功能，保证数据的完整性和保密性。

3.8 系统接口设计

1）软件接口

与海洋生态环境监督管理系统对接，接口要求自动、实时、安全。

2）数据集成接口

（1）各业务处室及技术支撑单位应急数据导入。

（2）视频监控接入。

3）硬件接口

（1）局域网要求 100 M 以上的带宽；采用 100 M 或以上以太网接口，符合 IEEE-802.3u（100Base-T）及相应标准。

（2）现场设备除雷达传输支持外，要求采用 4 G 网络提供数据上报的网络支持。

3.9 系统非功能性设计

系统的设计循序界面友好性、容错性、易于操作原则，符合应急综合管理模式和具有友好的用户界面和 GIS 的动态展示功能。

3.9.1 一般适用设计

（1）简单明了原则：用户的操作要尽可能以最直接最形象最易于理解的方式呈现在用户面前，只需进行很少的培训，操作者就可以使用系统，系统设计与它的目标使用者业务技术水平相匹配。

（2）方便使用原则：符合用户习惯，方便使用，实现目标功能的最少操作数原则，鼠标最短距离移动原则等。

（3）用户导向原则：为了方便用户尽快熟悉系统，简化操作，应该尽可能地提供向导性质的操作流程。

（4）实时帮助原则：用户需要能随时响应问题的用户帮助。

（5）良好的容错性：当用户做一些处理时间比较长的操作时，能给用户恰当的提示信息。在返回数据量过大导致响应时间过长的时候，能提供部分响应，如分页操作、减少用户的等待时间等。

（6）界面色彩要求：计算机屏幕的发光成像和普通视觉成像有很大的不同，应该注意这种差别作出恰当的色彩搭配。对于需用户长时间使用的系统，应当使用户在较长时间使用后不至于过于感到视觉疲劳为宜。

（7）界面平面版式要求：界面简洁、清晰、美观、大方、风格统一。系统样式排版整齐划一，尽可能划分不同的功能区域于固定位置，方便用户导航使用；排版不宜过于密集，避免产生疲劳感。

3.9.2　B/S 构架适用设计

系统界面设计基于 B/S 架构，需采用以下设计方法。

（1）页面最小：由于 Web 的网络特性，尽可能地减小单页面加载量，降低图片文件大小和数量，加快加载速度，方便用户体验。

（2）屏幕适应：Web 界面需要适应不同用户屏幕大小。

（3）浏览器兼容：需要适应不同浏览器浏览效果，虽然目前可不考虑不同浏览器差别，但仍需考虑 IE 浏览器版本差异带来的客户端不同效果。

（4）最少垂直滚动：尽可能地减少垂直方向滚动，尽可能地不超过两屏。

（5）禁止水平滚动：由于将导致非常恶劣的客户体验，尽可能地禁止浏览器水平滚动操作。

3.10　系统安全设计

3.10.1　计算机系统安全

为了保证信息安全，在计算机的选择上要充分考虑通过专门的硬件来实现计算机系统的高可靠性。采用以下技术或技术组合会提高整体安全可靠性。

（1）双服务器：采用两个服务器。

（2）UPS：选择可以供 2 小时以上断电保护的 UPS。

（3）双电源：服务器中用两个电源，平时一个工作，另一个睡眠，一旦工作的电源有故障，睡眠态的电源就启动。

（4）冗余磁盘阵列：利用廉价的磁盘，可以构成阵列，不仅增加了存储量，还可以通过冗余技术来提高可靠性。这种技术又有几种实现方法：

· RAID-0　· RAID-1　· RAID-0+1　· RAID-3　· RAID-5

（5）双机热备份：利用两台同样计算机通过专用通信口互联，两台机器同时工作，一台出问题则另一台就可以马上接上，不致使数据丢失也不间断业务工作。双机热备份还可以通过共享冗余磁盘阵列机来进行容错。

（6）数据备份设备：数据是计算机系统中的宝贵资源，为了确保在硬件发生故障时快速恢复，就要求有安全可靠的备份系统。这种设备一般有磁带机、磁带库、光盘库。备份采用自动和人工手动两种方式。

3.10.2　操作系统安全

操作系统因为设计和版本的问题，存在许多的安全漏洞。同时因为在使用中安全设置不当，也会增加安全漏洞，带来安全隐患。在没有其他更高安全级别的商用操作系统可供选择的情况下，安全关键在于对操作系统的安全管理。

为了加强操作系统的安全管理，要从物理安全、登录安全、用户安全、文件系统、注册表安全、RAS 安全、数据安全和各应用系统安全等方面制定强化安全的措施。

3.10.3　数据库安全

数据库的安全建立在操作系统的安全之上，数据库本身提供了不同级别的安全控制。并且提供对完整性支持的并发控制、访问权限控制、数据的安全恢复等。通过并发控制、存取控制和备份恢复技术，提供数据库的安全控制能力。

一般来说，数据库管理系统应具有如下功能。

（1）自主访问控制（DAC）：DAC 用来决定用户是否有权访问数据库对象。

（2）验证：保证只有授权的合法用户才能注册和访问。

（3）授权：对不同的用户访问数据库授予不同的权限。

（4）审计：监视各用户对数据库施加的动作。

（5）数据库管理系统应能够提供与安全相关事件的审计能力。

（6）系统应提供在数据库级和记录级标识数据库信息的能力。

1）主机及数据库系统安全

数据库系统采用大型关系型数据库（Oracle），共享磁盘阵列的方式来提高系统的可靠性与安全性。并在磁盘阵列上采用了 RAID5 技术，充分保证了数据的安全性和可恢复性。相关技术包括：

（1）软件和信息保护技术；

（2）操作系统安全；

（3）数据库安全技术；

（4）审计与留痕技术；

（5）系统状态检查；

（6）网络计算机病毒防范技术的实现；

（7）网络工作站对病毒的防护；

（8）服务器病毒防治技术；

（9）用户信息；

（10）主机等价性。

2）数据备份与灾难恢复

（1）**数据备份策略。**数据中心备份数据可以遵循多种原则，以便尽可能降低成本，减少磁带的用量。虽然完全备份——通过驱动器将所有文件进行备份（即使以前已经做过备份）——可以得到最好的备份保护，但是这样开销最大，需要的磁带最多，而且不一定在所有情况下都可以。

（2）**数据库恢复。**选型的数据库能支持不中断事务处理的联机备份和数据文件的快速恢复。

（3）**灾难恢复。**作为真正意义的灾难恢复，应该设立在异地，通过专线或者光纤作远程实时备份，在本系统中我们建议将来考虑再添置一台备用服务器作灾难恢复使用。

4 全国海洋突发事件应急管理系统数据库设计

4.1 数据库设计

4.1.1 数据库结构体系设计

根据海洋突发事件应急管理的业务需求，以海洋生态环境保护信息分类与代码为基础，设计和建设海洋突发事件监视监测数据库、应急辅助数据库、海洋突发事件应急处置数据库和用户管理数据库等，为海洋突发事件应急管理子系统和综合信息平台运行提供数据支撑，研制开发数据集成系统，通过标准数据交换格式和质量控制手段，实现动态的全国海洋突发事件应急管理数据交换机制。结构设计如图4-1所示。

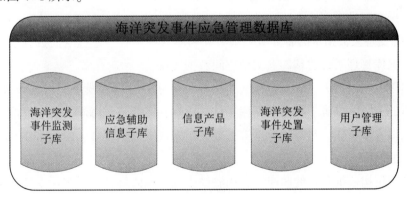

图 4-1　数据库结构设计

数据库结构设计应产生以下设计成果。

1）逻辑模型

（1）数据种类（实体）；

（2）数据项定义（属性及类型、长度、精度）；

（3）每类数据之间的关系（实体关系）。

2）物理模型（推荐使用 Power Designer 15 及以上版本）

（1）将逻辑模型转化为数据库结构：实体→表，属性→字段，实体关系→约束；

（2）完整性设计：非空约束/唯一性约束/主键约束/外键约束/检查约束/自定义。

3）数据库设计报告

（1）表清单：类别、名称、代码、注释；

（2）表定义：名称、代码、数据类型、强制性、主键/外键和注释；

（3）表关系图：按领域组织，A4 幅面，包括表名、外键关系和基数。

4.1.2 数据库构建方式设计

全国海洋突发事件应急管理数据库构建在关系型 DMBS（数据库管理系统）中，根据实际情况可选用但不仅限于 Oracle Database、IBM DB2、Microsoft SQL Server 等支持大数据量的企业级关系型数据库管理系统。通过空间数据引擎在关系型数据库管理系统的基础上实现空间数据支持。

利用 E-R 模型、UML 等标准化建模技术建立数据库模型，根据设计模型，在具体的 DBMS 基础上构建数据库实体。此外，需要完成海洋突发事件应急管理历史数据入库工作，对空间数据，需要逐步完成 1：5 万、1：10 万和 1：25 万电子底图的制作。

各级机构依据各自的职能，利用海洋生态环境监督管理系统对本节点数据进行管理和维护，并按照业务流程向上一级部门进行数据汇交，形成完善的海洋生态环境监督管理数据交换机制，实现数据库更新动态化。

4.1.3 数据库集成设计

根据海洋突发事件应急管理数据交换的特点，选择 SOAP 和 FTP 作为传输协议，并基于 XML 设计海洋突发事件应急管理数据标准交换格式，用于异构环境下的数据交换和共享。

采用非法码检验、时空范围检验、合理性检验等方法对海洋突发事件应急管理数据的交换进行质量控制，并开发可重用的模块化软件，供数据质控利用。

研制开发数据集成系统软件，利用传输网络系统，进行自动化的数据传输与处理，实现对数据库内容的动态更新。数据集成软件由数据交换子系统和数据处理子系统构成，通过约定的 API 接口进行交互，构成完整的系统。

各级数据库将依托海洋突发事件应急管理子系统进行数据的更新、维护、加载。各级机构通过系统加载的数据，一般都存储在本级数据库中，利用数据库后台技术，同时并发至上级数据库，确保一次录入、分级同步获取，既提高了数据的同步性，又避免了重复劳动，提高了工作效率。

4.2 数据库内容

全国海洋突发事件应急管理数据库主要包括海洋突发事件监测子库、应急辅助信息子库、海洋突发事件应急处置子库、海洋突发事件应急管理信息产品子库、用户管理子库和支撑海洋突发事件应急管理系统运行的其他子库等，各子数据库应该包含以下内容。

4.2.1 海洋突发事件监测子库

海洋突发事件监测子库主要存储赤潮、绿潮应急监测数据，溢油、化学品泄漏应急监测数据和核辐射应急监测数据。

赤潮、绿潮应急监测数据包括：赤潮、绿潮事件情况，赤潮、绿潮应急空间数据，赤潮、绿潮分布图，赤潮、绿潮事件简报文档。

溢油应急监测数据包括：溢油事件情况、溢油应急空间数据、溢油分布图、溢油陆岸监测情况、油品鉴定、溢油扩散预测、油粒子运动轨迹、油膜厚度空间数据、溢油溯源、油粒子运动轨迹回推、油品光谱图、油品色谱图、油品鉴定报告、溢油事件简报文档。

化学品应急监测数据包括：海上化学品泄漏事件情况、海上化学品鉴定、海上化学品鉴定报告、海上化学品扩散预测、海上化学品粒子运动轨迹、海上化学品泄漏溯源、海上化学品运动轨迹回推、海上化学品泄漏应急空间数据、海上化学品泄漏分布图、海上化学品泄漏事件简报文档。

核辐射应急监测数据包括：核辐射事件情况、核辐射应急空间数据、核辐射分布图、核辐射事件简报文档。

海洋突发事件监测子库结构设计如图4-2所示。

4.2.2　应急辅助信息子库

应急辅助信息子库主要存储应急监视监测辅助、应急资源辅助、应急技术辅助、应急背景信息辅助。

应急监视监测辅助包括：应急监视报告、应急事件现场视频、应急现场照片、应急遥感影像、应急遥感解译结果、监视飞机飞行轨迹。

应急资源辅助：监视飞机、监视飞机资源分布、监视船舶、监视船舶资源分布、清污船、清污船资源分布、应急车辆、监视机构、监视机构空间分布、监测机构、监测机构空间分布、应急队伍、应急相关专家。

应急技术辅助：应急预案、应急预案文档、应急监测方案、应急监测方案文档、应急监视方法、应急处置技术。

应急背景信息辅助：滨海危化品风险源、滨海危化品风险源空间数据、海上船舶风险源、海上船舶风险源空间数据、滨海核电站、滨海核电站空间数据、环境敏感区域、环境敏感区分布空间数据、国内外应急案例情况、海洋环境风险区划、海洋环境风险区划图件、物理环境实况再分析场、物理环境预报场、航道信息空间数据、锚地信息空间数据。

应急辅助信息子库结构设计如图4-3所示。

4.2.3　海洋突发事件应急处置子库

海洋突发事件应急处置子库结构设计如图4-4所示。

海洋突发事件应急处置子库包括应急处置基本情况、应急处置信息和应急处置报告。

应急处置基本情况包括：应急处置机构和应急处置方案。

应急处置信息包括溢油应急处置信息（应急处置队伍、应急处置技术、已回收溢油量、溢油处置率、应急处置现场照片、应急处置现场视频、应急处置监管信息、应急处置执法信息、应急处置其他信息），赤潮、绿潮应急处置信息（应急处置队伍、应急处置技术、已回收绿潮量、绿潮处置率、已杀灭赤潮面积、赤潮处置率、应急处置现场照片、应急处置现场视频、应急处置监管信息、应急处

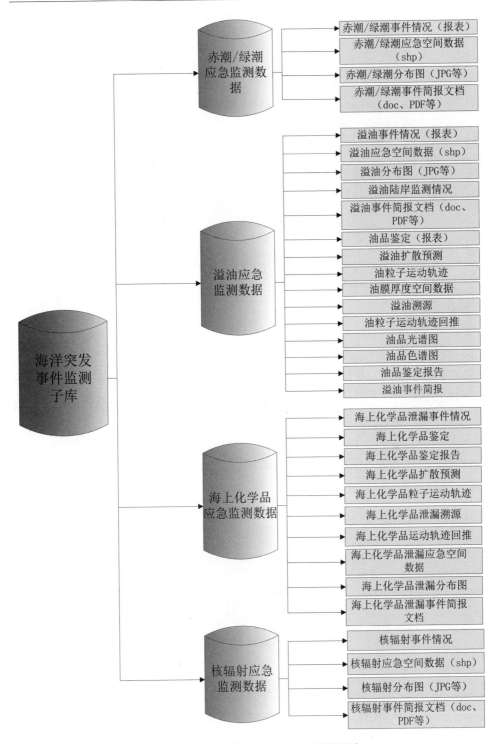

图4-2　海洋突发事件监测子库结构设计

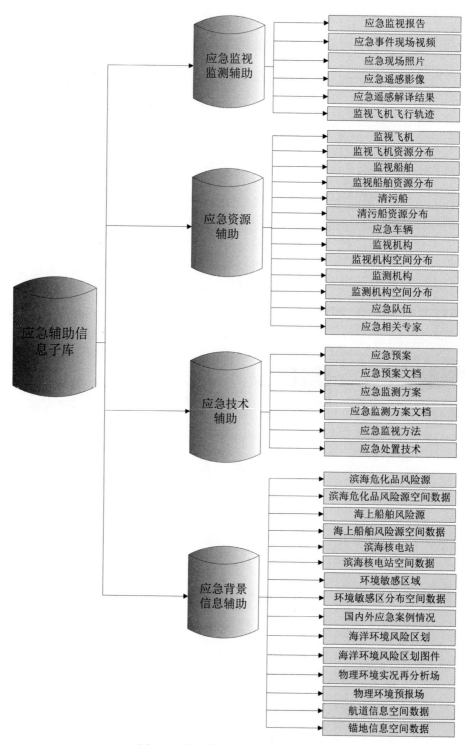

图 4-3 应急辅助信息子库结构设计

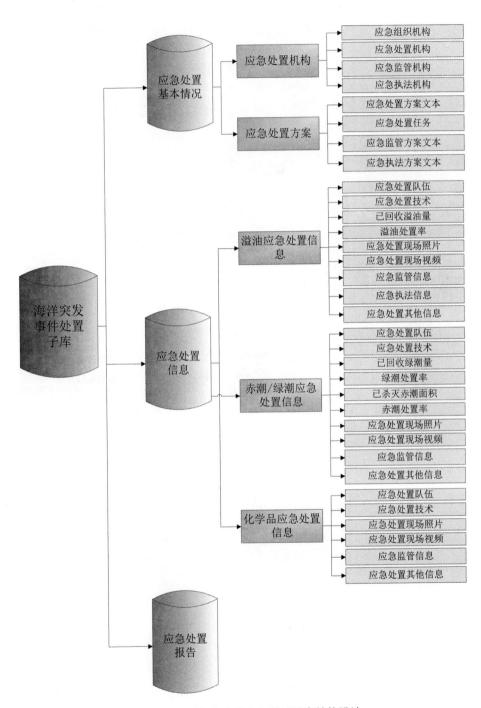

图 4-4　海洋突发事件应急处置子库结构设计

置其他信息），化学品应急处置信息（应急处置队伍、应急处置技术、应急处置现场照片、应急处置现场视频、应急处置监管信息、应急处置其他信息）。

4.2.4 海洋突发事件应急管理信息产品子库

海洋突发事件应急管理信息产品子库包括内部信息库和公开信息库如图4-5所示。

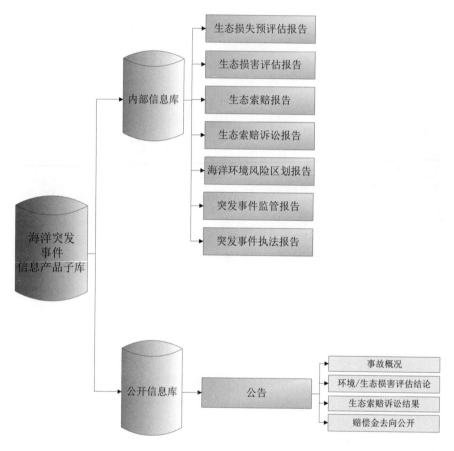

图4-5 海洋突发事件应急管理信息产品子库结构设计

内部信息库包括生态损失预评估报告、生态损害评估报告、生态索赔报告、生态索赔诉讼报告和海洋环境风险区划报告、突发事件监管报告、突发事件执法报告。

公开信息库主要为海洋突发事件应急管理的公告，包括事故概况、环境/生态损害评估结论、生态索赔诉讼结果、赔偿金去向公开。

4.2.5 用户管理数据库

用户管理库主要是对用户信息和系统权限的管理，实现系统的安全信息化管理。

4.3 数据库运行方式

4.3.1 数据库运行平台

各级机构根据实际需求和现实状况自行选择数据库管理系统，但应该满足统一上报数据格式的要求。可供选择的数据库包括（但不限于）：Oracle Database、IBM DB2、Microsoft SQL Server 等。

为了实现系统建设目标，选择数据库必须符合如下原则。

标准：支持 ANSI/ISO SQL-92 标准；

高可用性：支持灵活的数据备份和恢复；

高拓展性：在保证原数据库不受影响的条件下，支持各级机构业务拓展的需求；

可伸缩性：支持或者可通过升级提供支持集群及负载均衡；

安全性：支持数据加密、权限管理、安全审计等；

开发平台：提供 ODBC、JDBC、OLEDB、. NET Data 支持；

国际化：支持 UNICODE 通用编码格式，支持多语种；

可管理性：除支持常规管理功能外，还具备自动管理特性；

数据仓库：支持或者可通过升级提供支持；

网络连接：支持 TCP/IP 网络协议；

高性能：能够处理海量数据和高负载访问；

集成：支持数据复制；支持本地及分布式事务；

空间数据：能够被常用的空间数据引擎支持，以实现空间数据的存储和管理。

4.3.2 数据存储方式

1）表格数据存储方式

采用关系型数据库二维表的方式存储表格类型的数据。

2）矢量空间数据存储方式

由于空间数据具有空间位置、非结构化、空间关系、分类编码、海量数据等特征，空间数据库采用"关系型数据库+空间数据引擎"的方式加以存储，并以WFS、WCS、WPS等符合OGC标准的方式对数据获取和数据操作进行支持。

3）栅格空间数据存储方式

栅格空间数据以GTIF等支持空间信息的影像数据为格式进行存储，或以地图服务缓存文件的方式进行存储，并通过WMS服务、Rest服务等标准方式进行数据获取支持。

4）影像、图片、文档数据存储方式

影像、图片和文档数据以文件服务的方式储存，全部文件均可以通过文件服务器提供的HTTP服务方式进行支持，也可以通过FTP/sFTP的方式提供数据获取接口。同时影像文件的存储还必须支持流媒体服务方式、图片文件支持图像压缩浏览方式、文档数据支持全文检索方式进行数据获取和加工。

4.3.3 数据交换格式

根据海洋突发事件应急管理数据的特点，分别采用两种数据交换格式：表单数据以XML或JSON格式进行交换；其他格式，如视频、照片、报告、附件等，以原始文件的格式进行交换。

4.3.4 数据库管理与维护

1）数据字典管理

管理系统需要对元数据标准、系统初始用户、部门名称、操作权限类型、各类数据库标准、数据密级、各级行政代码、应急监测任务编号、应急监测区域编

码及其他相关专题分类目录等需要统一规范的对象，通过数据字典进行统一管理。管理员利用数据字典管理系统提供对数据字典的添加、保存、输出、修改功能。维护管理一个数据字典内的字典项，增加、删除、修改字典项内容。

2）系统设置

可针对不同用户或数据类型分配不同的物理存储空间，配置物理数据库的位置，配置数据库连接参数，数据库配置参数、网络连接参数、设置外部组件注册目录等。

3）系统其他管理与维护

主要包括创建数据库索引表、编辑索引和删除索引等。

4）数据迁移和归档管理

需要根据数据使用状况和数据量，制定数据的迁移和归档管理策略，建立高效数据管理机制，提高系统整体运行效率。

5）日志管理

日志管理详细记录系统运行状态。对于重要的操作，如数据的入库操作、数据的输出操作、数据的编辑处理等，均需要记录在日志中，具体功能包括日志的查询、归档、清除、恢复归档文件等。

可以根据用户名、操作类型、操作时间进行日志信息查询。

可以对用户访问情况、数据访问情况、数据交换情况、数据更新情况、数据编辑处理情况等进行日志检索和统计汇总。

支持对日志的删除和归档等管理维护。

4.4　数据库安全

数据库安全应符合《信息安全技术　数据库管理系统安全技术要求》（GB/T 20273—2006）第三级安全标记保护级要求。

4.4.1　用户与权限管理

采用严格的用户身份管理和权限分级管理机制。海洋突发事件应急管理子系统用户限于相关管理部门和有管理部门授权的业务部门使用。系统需要通过用户、角色和密码管理进行身份管理，将用户身份、数据操作内容和操作功能进行绑定控制，确保数据安全。系统用户表由系统管理员在系统初始化时设定，并采用实名制，只允许在人员变动时由系统管理员进行用户表的调整。

对数据和数据库的操作权限如读、写、下载等进行严格划分，并由管理员针对特定用户角色和数据内容进行派发。系统管理权限采用分级管理机制，即一般用户权限由上级用户确定。

4.4.2 数据备份

应制定完备的数据库和数据备份策略，可以实现数据库的自动备份与恢复。备份需要考虑不同数据类型的数据量、不同的数据更新特征、不同数据的存储要求选择不同的备份方式和备份频率。数据备份方式应该包括整体备份、增量备份和异地备份等。数据备份频率应该为年度、不定期等。如基础地理数据在一定时期内基本不存在更新问题，因此，在系统数据备份策略中可以不考虑基础地理数据的更新。对文档数据等不采用数据库进行管理的数据，要进行定期的拷贝备份。用户也可以选择数据对象和备份方式进行数据的手动备份和恢复。

4.4.3 系统监控

数据库管理系统需有独立的系统监控模块，支持对海洋突发事件应急管理子系统和数据库状态的监控，可以根据系统和数据库状态进行系统资源调配、数据库优化等操作；对用户的连接与状态、用户对数据访问和数据操作等进行监控，能够设置和调整系统报警规则和相应处理响应，发现恶意操作或非正常操作等问题时可采取中止连接、中止操作等措施；监控用户登录、数据下载等情况。

5 全国海洋突发事件应急管理系统功能设计

5.1 综合信息查询子系统

图 5-1 和图 5-2 分别给出综合信息查询子系统功能框架及其数据系统。

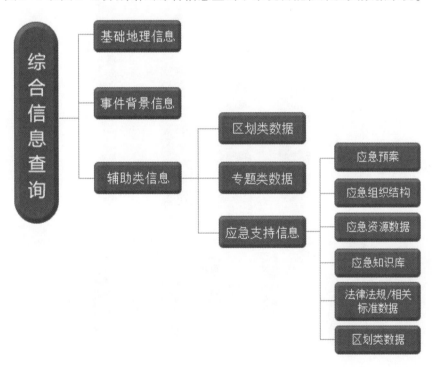

图 5-1　综合信息查询子系统功能框架

5.1.1 基础地理信息查询

可以对不同分辨率近岸海域遥感底图数据、基础地理数据（包括二维/三维

57

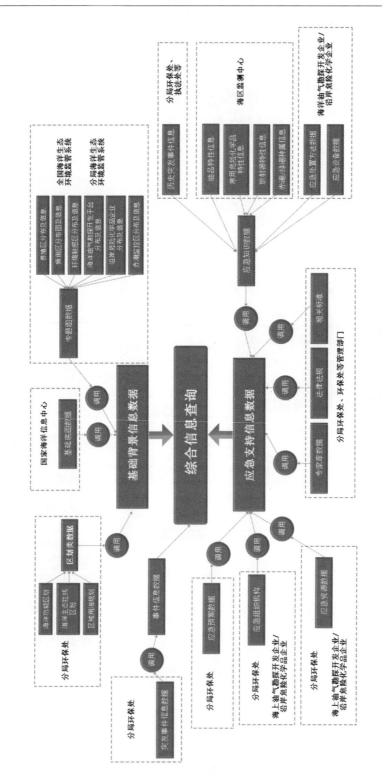

图 5-2　综合信息查询子系统数据流

矢量的岸线、等深线、行政界限、城市、河流等）进行配准、配色、发布、更新、维护。具体包括：

（1）遥感底图数据标注，时期显示。高程数据管理：海岸带高程数据的处理、配准，服务发布、更新、维护。

（2）基础地理数据图层管理（分组、显示、关闭、透明设置等）、地图控制工具（放大、缩小、漫游、按比例尺显示等）、空间分析工具（量距、量面、缓冲、查询、清除、标注、制图、打印、定位等）（图5-3）。

图5-3　测量工具

5.1.2　事件背景信息

能够查询和输出事件背景的信息，包括事件类别、事件地点和图层显示。

5.1.3　辅助类信息

1）区划类数据

可以对最新海洋功能区划、海洋生态红线区划、区域用海规划等数据进行管理（分组、显示、关闭、透明设置等），为系统运行和功能实现提供数据支持和保障（图5-4）。

2）专题图数据

以海域专题图为主，如滨海湿地、养殖用海、生态红线、保护区、国家海洋

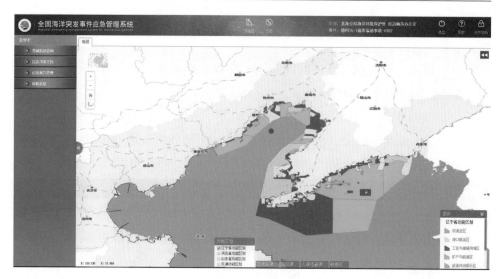

图 5-4　功能区划

公园、倾倒区等专题图作为基础数据，一旦某处发生应急事件，可以通过各类专题图迅速查看周围环境信息（图 5-5）。

图 5-5　养殖区和生态红线

3）应急支持信息

主要为应急支持类信息的查询输出，包括以下 5 类支持信息。

（1）应急预案管理

应急组织结构模块主要是为了方便管理全国范围内海洋突发事件应急组织信

息，包括国家海洋局、3 个分局、各省市应急监测部门和联系方式，作为应急辅助决策的基础。在此模块下用户可以自主地添加、修改和查询应急组织信息（图5-6 和图 5-7）。

图 5-6　应急预案管理

图 5-7　应急组织机构

（2）应急组织机构

应急组织机构模块主要是为了方便管理全国范围内海洋突发事件应急组织信息，包括国家海洋局、3 个分局、各省市应急监测部门和联系方式，为指挥调度提供支持。

（3）技术文档管理

技术文档管理对应急过程中所用到的关键性资料进行统一管理，定期更新，以便发生应急事件时能够及时查阅资料（图5-8）。

图5-8　技术文档管理

（4）法律法规及政策性文件

主要针对海洋突发事件涉及的法律法规及相关标准等数据的管理，包含生态损失索赔相关法律法规、海洋环境质量标准等（图5-9）。

图5-9　法律法规及政策性文件

（5）专家库数据

管理在三类海洋突发事件研究或应急工作方面有经验的专家信息（所属单位和联系方式），作为进行应急响应工作时的辅助支持数据（图5-10）。

图5-10　专家库数据

5.2　环境影响应急监视监测子系统

环境影响应急监视监测子系统的主体模块包括应急船舶监视监测、在线监视监测、卫星遥感监测、航空飞机监视监测、陆地沿岸监视监测、应急监测环境质量评价、应急执法监视，主要功能模块为各监视监测主体的任务管理、方案管理、数据管理、执行情况、应急监测评价产品生成及展示（图5-11～图5-14）。功能模块设计如下。

5.2.1　任务管理模块

应急监视监测任务管理模块主要实现对应急监视监测任务的管理。主要功能包括：应急监视监测方案查询、应急监视监测任务执行情况管理。

1）应急监视监测方案查询

应急监视监测方案查询：将全国、海区、省市等应急监视监测方案进行集中管理和动态查询，能够查询、浏览历史及本次监视监测方案。

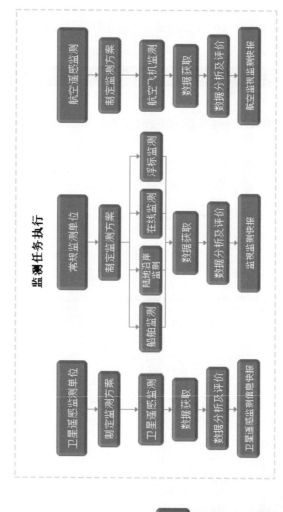

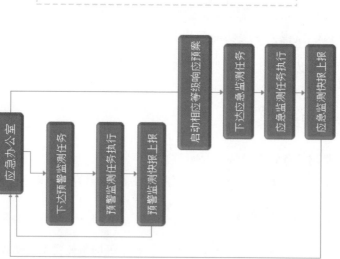

图5-11 环境影响应急监测子系统业务流程

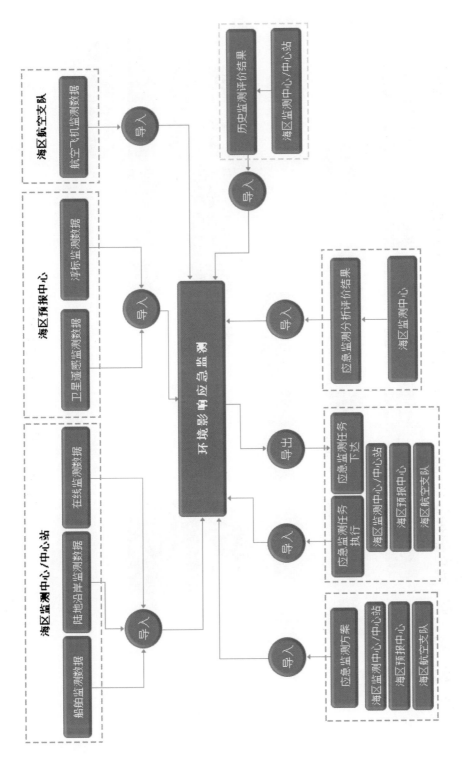

图5-12 环境影响应急监测子系统数据流

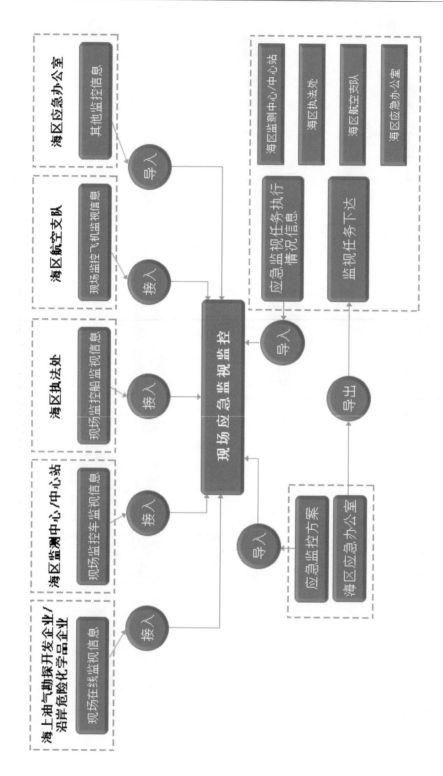

图5—13 现场应急监视监控子系统数据流

66

图 5-14　任务管理

2）应急监视监测执行情况管理

（1）应急监视监测执行情况查询：按照监视监测任务、区域和要素方式，展示应急监视监测任务的分布及其执行情况。

（2）应急监测站位监控：根据上报的监测数据与监测方案比对实现监测站位监控，按照监测任务、监测要素和监测时间方式，通过已完成监测参数和计划监测参数的比对，对每个监测站位进行监控。

（3）应急监测任务组织单位监控：根据上报的监测数据与监测方案比对实现组织单位完成监控，按照监测任务、监测要素和监测时间方式，通过已完成监测站次和计划监测站次的比对，对每个组织单位完成情况进行监控（图 5-15）。

5.2.2　数据管理模块

统一管理应急执行部门提交的船舶监测数据、陆岸监测数据、航空巡视数据、卫星遥感数据、模拟预测数据、船舶巡视数据、陆岸巡视数据、平台登检数据以及平台值守数据，并能够根据执行部门所要提交的数据类型自动构建数据提交页面，实现矢量文件、图片数据、表格数据的提交和在地图上的展示（图 5-16）。提交的数据主要分为以下几种。

图 5-15　任务详情

图 5-16　数据管理

1) 应急监测预报

(1) 船舶监视监测数据

船舶监测数据主要包括站位常规监测数据、生物质量监测数据、水质监测数据、水文气象监测数据、沉积物监测数据、分布监测数据、关键信息数据、矢量数据和各站位的监测图片数据，这些数据分别以报表形式（Excel 文件）和文件压缩包以及 Shp 格式的矢量文件上传到服务器，系统在对这些文件进行整合处理后存储到数据库。

（2）卫星遥感监测数据

在本系统内卫星遥感监测数据中的关键信息数据以 Excel 文件的形式上传到服务器，并解析存储到数据库中。

卫星解译图数据是以图片的形式上传到服务器，存储到数据库中。

矢量数据是以 Shp 格式的矢量文件上传到服务器，存储到数据库中。

（3）模拟预测数据

模拟预测数据中的海洋环境预报数据和关键信息数据是以表格的形式上传到服务器，并解析存储到数据库中；海洋环境场数据（风场、流场、海浪）、矢量数据和模拟预测数据是以 Shp 格式的矢量文件上传到服务器和 ArcGIS 发布地图服务的形式提交到数据库。

（4）航空监测数据

航空飞机监测数据主要包括赤潮（绿潮）、溢油/化学品泄漏和核辐射应急的航空遥感影像数据及其解译数据、飞机定位信息、航行轨迹及摄录像应急监控资料。

飞机的定位信息和航行轨迹是以表格的形式上传到服务器；摄录像应急监控资料是以压缩包的形式上传到服务器；航空遥感影像数据及其解译数据是以 Shp 格式的矢量文件上传到服务器。

（5）陆岸监测数据

陆地沿岸监测数据主要包括站位常规监测数据、关键信息数据、矢量数据和各站位的监测图片数据。

常规监测数据和关键信息数据是以表格的形式上传到服务器；各站位的监测图片数据是以压缩包的形式上传到服务器；矢量数据以 Shp 格式的矢量文件上传到服务器。

2）应急调查取证

（1）船舶监视数据

船舶监视数据管理主要实现船舶的地图定位展示功能，监视数据的导入、导出、查询及评价分析。

监视数据主要包括船舶定位信息、航迹及摄录像应急监控资料。

船舶的定位信息、航迹是以表格的形式上传到服务器；摄录像应急监控资料和一些现场图片是以压缩包的形式上传到服务器的。

（2）航空监视数据

航空飞机遥感监视数据管理主要实现航空飞机监视数据的导入、导出、查询，实现飞机监视信息的导入、导出、查询及显示。

航空飞机监视数据主要包括溢油、化学品泄漏和核辐射应急的航空监视数据及其解译数据、飞机定位信息、航行轨迹及摄录像应急监控资料。

飞机的定位信息和航行轨迹是以表格的形式上传到服务器；摄录像应急监控资料是以压缩包的形式上传到服务器；航空遥感影像数据及其解译数据是以 Shp 格式的矢量文件上传到服务器。

（3）陆岸监视数据

陆岸监视数据管理主要实现陆岸监视数据的导入、导出、查询。

陆地沿岸监视数据主要包括陆岸观测事件现场情况及陆地沿岸拍摄的视频、图像数据。

陆岸观测事件现场情况是以表格的形式上传到服务器；陆地沿岸拍摄的视频、图像数据是以压缩包的形式上传到服务器。

（4）平台登检数据

平台登检数据管理主要实现平台登检数据的导入、导出、查询。

平台登检数据主要包括登检平台、现场检查图片及视频数据。

现场检查图片和视频数据在系统中可以直接上传到服务器并把文件地址存储到数据库中。

（5）平台值守数据

平台值守数据管理主要实现平台值守的导入、导出、查询。

平台值守数据主要包括值守平台、现场检查图片及视频数据。

现场检查图片和视频数据在系统中可以直接上传到服务器并把文件地址存储到数据库中。

5.2.3　方案管理模块

将全国、海区、省市等应急监视监测方案进行集中管理和动态查询，实现历史及本次监视监测方案的查询、浏览，如图 5-17 所示。

工作方案上报包含站位报表 Excel 的上传功能，报表 Excel 内容有站位的地理坐标以及每个站位的监测要素等信息，如图 5-18 所示。

执行部门把工作方案上报到系统中，主管部门可以查看到上报的工作方案，

图 5-17　方案管理

图 5-18　方案添加

并可以在系统中把工作方案信息叠加到地图上，实现工作方案的可视化展示，如图 5-19 所示。

5.2.4　报告管理模块

根据报告提交的时间区间和报告的名称查询出在这个时间段内提交的报告，实现报告的查询和查看功能，如图 5-20 所示。

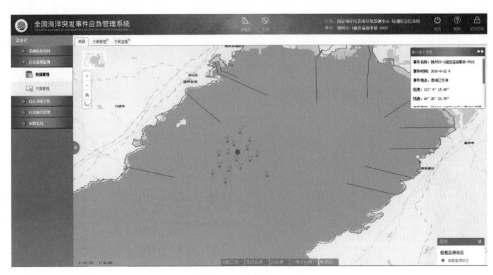

图 5-19 工作方案查看

图 5-20 报告管理

5.3 应急模拟预测子系统

应急模拟预测子系统主要为对突发应急事件的模拟预测与评估，实现了集监测信息融合、应急预测预警、产品制作发布、影响风险评估等于一体的信息化子系统，并可以标准可视化展示（图5-21和图5-22）。主要包括多源监测信息融合模块、案例管理模块、预测结果输入模块、环境背景场集成显示模块、二维和三维结果动态演示模块、预测结果分析模块、简报制作与发布模块、事件影响风险评估模块，具体功能设计如下。

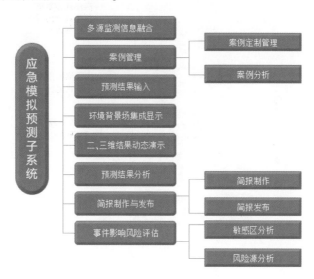

图5-21 应急模拟预测子系统功能框架

5.3.1 多源监测信息融合模块

多源监测信息融合模块采用多手段数据融合技术，综合岸基、卫星、船基、无人机等多平台监测手段，开展应急事故多源监测信息融合。

主要监测信息包括现场监测信息（包括水质生物检测信息、照片、视频等），遥感监测信息（包括卫星遥感和航空遥感两部分），实时监控视频、岸上观测站信息等，将多类型监测信息进行融合，并与系统基础地理遥感地图进行自动校准、融合，集成突发事故视频、照片、监视调查表以及应急简报、专报以及遥感影像解译结果等信息。综合多源监测信息融合可提高突发事件探测的置信度，确定不同时刻事故的位置分布、面积，实现漂移趋势和事故量级的粗略估算（图5-23）。

5.3.2 案例管理模块

案例管理模块主要为国家和各省市的应急事故案例的定制管理（添加、删

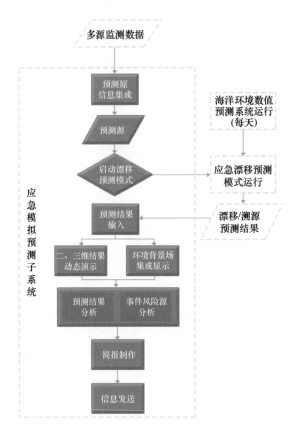

图 5-22　应急模拟预测子系统业务流程

图 5-23　多源监测信息

除、更新等）和查询分析功能，为应急辅助决策提供参考。

1）案例定制管理

案例定制通过两个途径实现：一是在应急漂移预测模拟时自动生成；二是在单独的管理界面中通过手工录入指定的信息实现案例的添加定制，并可以对案例进行删除、更新、查询、输出的操作（图5-24）。

图5-24　案例管理

2）案例分析

针对历史案例对比决策分析的需求，能够根据当前应急事故模拟情况，获取相似位置案例列表以及相似条件案例列表。其中，相似位置案例列表获取功能需要通过案例分析缓冲区绘制功能实现圆形、矩形或多边形分析区域的定制。实现历史案例的 GIS 可视化展示和动态模拟演示。

5.3.3　预测结果输入模块

基于应急事故多源监测数据的融合结果，根据应急预测的需求，经过各海区漂移预测业务化系统计算出来的预测结果，通过指定输入界面以手工方式导入到应急模拟预测子系统中，形成数据文件存储到系统数据库和空间数据库，供随时查询分析。

预测结果数据主要包括中心漂移轨迹、分布面积、外延线面积、最大影响范围、漂移扩散轨迹等。数据类型主要包括文字、表格、图表、矢量图等多种形式。

5.3.4 环境背景场集成显示模块

基于各海区环境背景场数值预报业务化系统（图 5-25），研发环境背景场与 GIS 的集成显示技术，解决高效率实时矢量绘图和精细化预报多尺度表达的关键问题，实现对指定海区、指定时间段内风、浪、潮、流、海温等数值预报产品的快速矢量可视化和要素查询功能，直观形象地展示高分辨率海洋环境预报信息，为漂移预测提供基础环境背景场信息支持。同时，可视化直观展示各海区海洋、气象常规预报产品及突发事件期间重点海域海洋、气象预报产品。具体产品包括：常规气象综合预报产品、常规海浪预报产品、常规潮汐预报产品、常规海温预报产品、海面气象数值预报产品、有效波高数值预报产品、表层流场数值预报产品、海面温度数值预报产品、应急事件发生期间重点海域气象预报产品、应急事件期间重点海域海浪预报产品及风暴潮和大浪警报产品等。

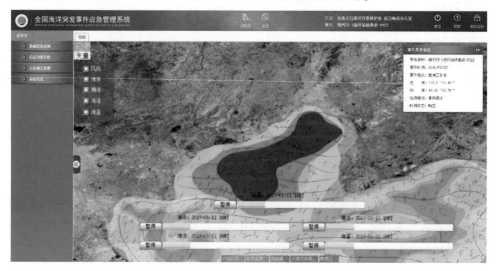

图 5-25 环境背景场

5.3.5 二维和三维结果动态演示模块

在 GIS 可视化界面下实现应急事故多个预报时刻的事故中心点、分布面积、漂移路径等预测结果信息和风、浪、潮、流等环境背景场数据的叠加动态渲染和可视化显示，通过预测结果动态演示和静态单时刻显示的方式展示应急事故在未来时刻的漂移和扩散状态（图5-26）。能够对应急事故进行动态时间序列化演示，直观生动地展示应急事故消长的全过程。

图5-26　二维和三维结果

静态查看或动态演示预测结果时，可根据需求选取不同的要素信息图层叠加显示到 GIS 视图上。

5.3.6　预测结果分析模块

根据应急预测结果信息，对接下来应急事故的漂移路径、消长趋势、影响范围等进行分析。赤潮、绿潮事件主要内容包括：赤潮、绿潮分布范围，漂移方向，抵岸时间，影响岸段，影响敏感区时间和面积及持续时间等；溢油、化学品泄漏事件主要内容包括：溢油、化学品分布范围，漂移方向，污染物浓度，抵岸时间，影响岸段，影响敏感区时间和面积及持续时间等；核辐射事件主要内容包括：核辐射污染物分布范围，漂移方向，污染物浓度，影响敏感区时间和持续时间等。

5.3.7　事件风险源分析

根据海洋突发事件海区气象、海况和溯源预测结果，叠加邻近风险源信息，分析海洋突发事件的可能风险源（见图5-27）。

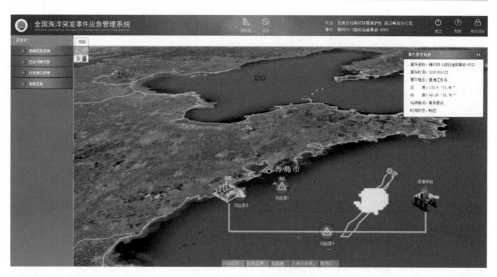

图 5-27 事件风险源分析

5.3.8 简报制作与发布模块

1）应急预测简报制作

针对突发事故应急预测要求，实现多种不同类型的制图自动输出，包括综合分布图、漂移预测图、散点漂移图、影响范围图等，按照不同类型的简报特定格式制作模板文件，自动将时间、位置等信息传入报表模板，插入需要的图片，生成标准的简报。图件和快报制作输出过程均在后台完成，无须用户指定。

2）应急预测简报发布

对各类应急预测简报按照标准化格式入库存储，建设数据共享及服务接口，研发赤潮、绿潮信息产品数据共享交换及短信、邮件、传真、网站发布等多手段综合发布功能。实现技术支撑部门、监管部门及社会公众等多部门间信息产品的流转和发布，大大提高了应急预测信息的时效性，有效提高了应急管理工作效率。

5.4   应急决策支持子系统

应急决策支持子系统包括应急响应管理、辅助决策支持、应急指挥调度和信息通报，其功能框架如图 5-28 所示。

图 5-28   应急决策支持子系统功能框架

5.4.1   应急响应管理

1）核实管理模块

核实管理模块分为核实任务管理和接报处置表管理。

核实任务管理：管理部门给各执行部门下达核实任务，确认应急事件的真实性以及查看各执行部门反馈回来的监测情况（图 5-29~图 5-31）。

接报处置表管理：确认了应急事件属实，需要给上级部门发送一个事件的基本描述以及是否建议启动响应（图 5-32）。

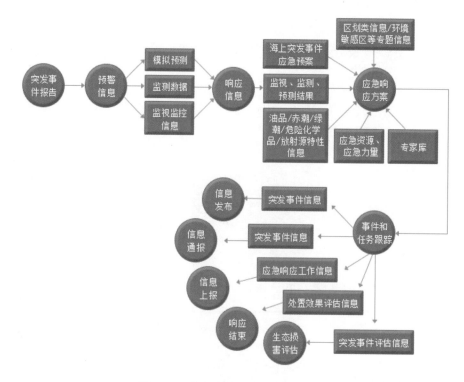

图 5-29　应急决策支持子系统数据流

图 5-30　核实管理

图 5-31 核实任务管理

图 5-32 接报处置表

2) 预警管理模块

预警管理模块分为预警任务管理和情况记录表管理。

预警任务管理：确认了事件属实，管理部门需要下达预警任务，并根据各执行部门反馈回来的监测情况，来确定是否启动响应（图 5-33）。

情况记录表管理：记录事件的状态并提交给上级部门，来确定是否启动响应

图 5-33 预警任务管理

和终止响应（图 5-34）。

图 5-34 添加情况记录表

3）启动管理模块

启动响应管理即启动申请管理：描述事件的基本情况建议启动几级响应并提交给领导审批，通过后事件正式启动响应，系统签发响应启动命令书下发给各启动响应通知部门（图 5-35 和图 5-36）。

图 5-35   响应启动申请管理

国家海洋局北海分局海洋石油勘探
开发溢油应急响应启动命令书

　　__2016__ 年 __9__ 月 __22__ 日 __9__ 时，__渤海辽东湾__ 发生 __锦州 25-1 油田溢油事故-0922__ 溢油事故，根据《国家海洋局北海分局溢油灾害应急执行预案》的规定，该事件已达到启动应急响应的条件。国家海洋局北海分局进入 __IV__ 级溢油应急响应状态，溢油应急指挥中心有关成员立即按预案职责分

启动应急响应的条件。国家海洋局北海分局进入 __IV__ 级溢油应急响应状态，溢油应急指挥中心有关成员立即按预案职责分工开展应对工作。

签发人：____ＸＸＸ____

日　　期：2016 年 9 月 22 日

图 5-36   响应启动命令书

4) 响应管理模块

响应管理模块包含响应任务管理和工作报告管理。

响应任务管理：事件已启动，管理部门下发响应任务，查看各执行部门提交的应急监视监测数据（图5-37）。

图5-37 响应任务管理

工作报告管理：管理部门根据各执行部门提交的应急监视监测数据来填写每天的工作报告并发送给有关部门，报告可以选择自动生成或是手动编辑，也可以上传已经写好的报告文档（图5-38）。

　图5-38 工作报告管理

5）终止管理模块

终止管理模块为终止申请的管理：事件已经得到有效控制，需要终止响应，管理部门需要编辑终止申请并提交审批，通过系统自动生成终止响应命令书并下达给各终止通知单位（图5-39）。

图5-39　终止管理

6）重点信息管理模块

用于应急响应办公室在应急响应工作向有关单位和个人发布重大信息和重要通知（图5-40）。

5.4.2　辅助决策支持

1）应急事件信息显示分析

管理海洋突发事件信息（位置，范围，时间，赤潮、绿潮种属，油品、危险化学品属性等），实现历史信息的统计分析，实现 GIS 在线自动加载和事件自动定位（图5-41）。

2）背景资料显示分析

实现对指定海区、范围、时间段内风、浪、流等数值预报产品的可视化和查

图 5-40　重点信息管理

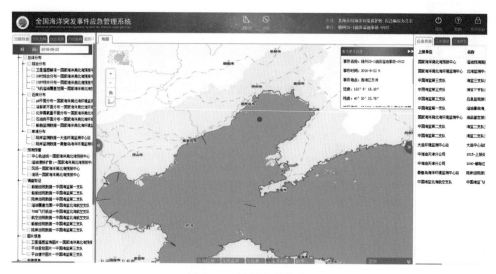

图 5-41　数据产品信息

询功能，支持动态演示和静态单时刻显示，实现现场情况的图片展示和视频接入，实现污染源的分布式显示，能够加载至底图，并且实现有关信息的显示功能（图 5-42 和图 5-43）。

3）环境质量

包括环境质量状况的数据、报告管理和环境影响评价的结果和报告管理。

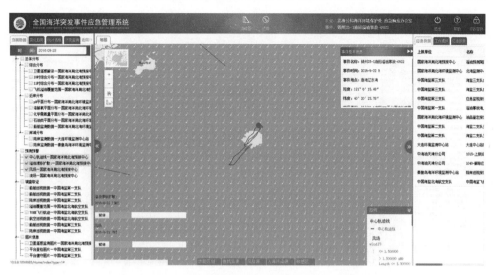

图 5-42　风场

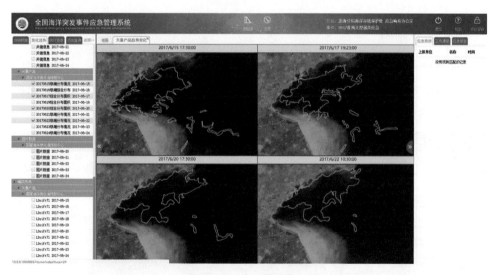

图 5-43　多天数据对比

环境质量状况：实现对指定海区、范围、时间段内特定环境要素查询展示功能，能够加载至底图中展示，并且能够列表展示，并可实现简单统计功能，对指定事件的任务报告、快报进行查看下载。

环境影响评价：实现对指定海区、范围、时间段内特定评价指标及结果的查询展示功能，能够加载至底图中展示，对指定事件的任务报告、快报进行查看下载（图 5-44）。

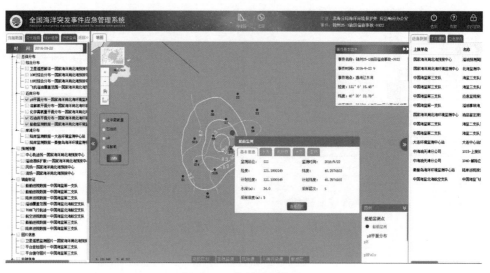

图 5-44　船舶监测信息

4）漂移预测

主要是应急模拟预测子系统中的相关预警预报产品调用、显示。实现对指定海洋突发事件漂移扩散及其路径的可视化和查询功能，支持动态演示和静态单时刻显示（图 5-45）。

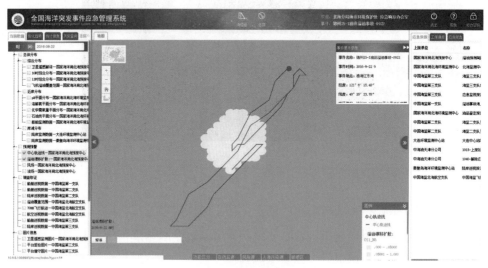

图 5-45　模拟预测信息

5.4.3　应急指挥调度

1）能力展示

分布式显示海洋突发事件发生海域应急能力基本信息，包括应急监视机构、监测机构、应急飞机、应急船舶等基本信息，以上信息均可加载至底图（图5-46）。

图5-46　应急基地和机场

2）指挥调度

指定应急能力在底图中加载显示，并根据应急能力展示进行指挥调度，实时在底图展示调度情况并可供下载查看（图5-47）。

3）专家会商

对专家意见进行输入，以供决策参考。

4）决策报告

录入、查询、查看、下载突发事件决策报告，提高辅助决策能力。

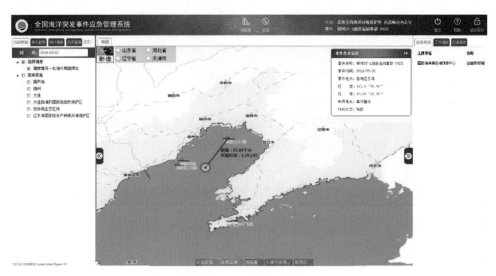

图 5-47　调度情况查看

5.5　应急处置子系统

应急处置子系统按照应急任务形式可分为 3 类：溢油、危险化学品泄漏、赤潮绿潮。每一类均包括任务管理、方案管理、执行管理和报告管理 4 个功能模块，其中溢油和危险化学品泄漏要求可接入企业应急系统，实现与企业应急数据的交互（图 5-48~图 5-50）。

5.5.1　应急处置任务管理

根据应急决策子系统生成的相应（溢油、危险化学品泄漏、赤潮、绿潮）应急处置方案进行应急处置，能够查询到相关任务和下载相应任务书（图 5-51）。

5.5.2　应急处置方案管理

能够对相应（溢油、危险化学品泄漏、赤潮、绿潮）应急处置方案进行查询、上传、下载的操作（图 5-52）。

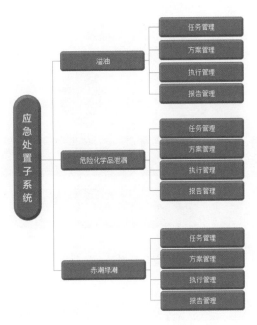

图 5-48　应急处置子系统功能框架

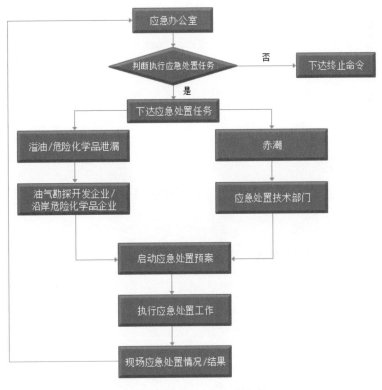

图 5-49　应急处置子系统业务流程

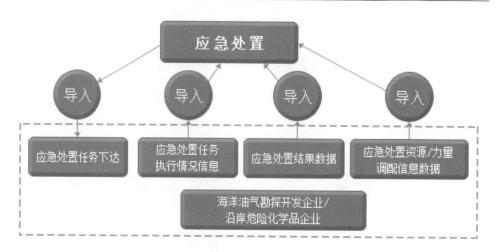

图 5-50 应急处置子系统数据流

图 5-51 应急处置任务管理

5.5.3 应急处置数据管理

应急处置数据管理（图 5-53）。

1）应急处置力量调配情况

在 GIS 环境中展示相应（溢油、危险化学品泄漏、赤潮、绿潮）应急事件发
生区域附近的应急处置力量调配情况。

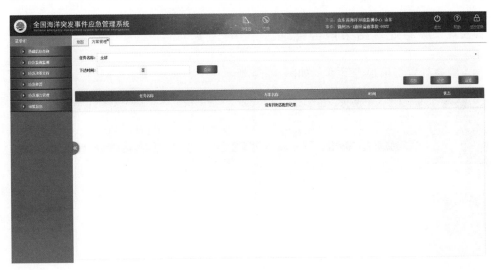

图 5-52　应急处置方案管理

图 5-53　应急处置数据管理

2）应急处置资源调配情况

在 GIS 环境中展示相应（溢油、危险化学品泄漏、赤潮、绿潮）应急事件发生区域附近的应急处置资料调配情况。

5.5.4 应急处置结果报告管理

应急处置结果报告管理，如图 5-54 所示。

图 5-54 应急处置结果报告管理

1）应急处置结果报告管理

接收相应（溢油、危险化学品泄漏、赤潮、绿潮）应急处置结果报告，并实现报告的上传、查询功能。

2）应急处置结束

根据相应（溢油、危险化学品泄漏、赤潮、绿潮）应急处置结果和决策支持子系统，完成应急处置工作。

5.6 环境影响与灾害损失评估子系统

环境影响与灾害损失评估子系统功能框架如图5-55所示。环境影响与灾害损失评估子系统数据流如图5-56所示。

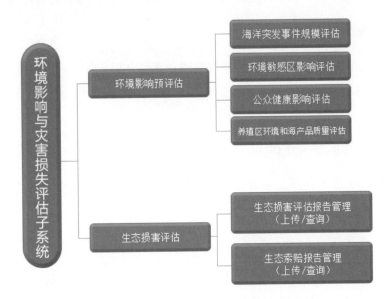

图 5-55 环境影响与灾害损失评估功能框架

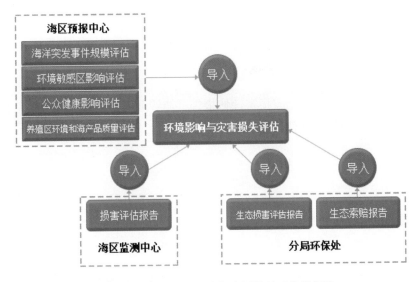

图 5-56 环境影响与灾害损失评估子系统数据流

5.6.1 环境影响预评估

1）海洋突发事件规模评估

根据海洋突发事件发生地点、面积、海区气象、海况等，结合漂移预测结果，评估其可能规模，初步预测发展趋向，并可以上传与下载相关与评估报告。

2）环境敏感区影响评估

根据海洋突发事件海区气象、海况和漂移预测结果，分析海洋突发事件对环境敏感区如浴场、保护区、岸滩等造成的影响，并可以上传与下载相关与评估报告。

3）公众健康影响评估

分析海洋突发事件对公众健康构成的威胁评估，并可以上传与下载相关与评估报告。

4）养殖区环境和海产品质量评估

分析海洋突发事件对养殖区环境状况和海产品质量构成的威胁，以及经济损失评估，并可以上传与下载相关与评估报告。

5.6.2 生态损害评估

1）生态损害评估报告管理

管理海洋突发事件的生态损害评估报告，能够上传事件生态损害评估报告和查询历史事件生态损害评估报告。

2）生态索赔报告管理

管理海洋突发事件的生态索赔报告，能够上传历史事件生态索赔报告和查询（通过索赔主体、任务时间范围等关键字查询）历史事件生态索赔报告。

5.7　应急信息发布

应急信息分为系统内信息发布、省市级人民政府信息发布和社会公众信息发布3个部分（图5-57）。

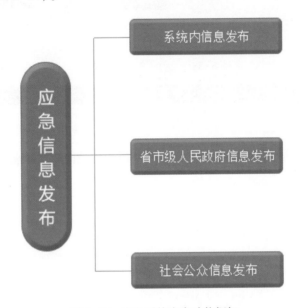

图5-57　应急系统发布功能框架

系统内信息发布通过海域专网实时、有效地向总局、各分局和相关业务单位发布，包括应急期间完整的预警预报信息、现场监视监测、应急指挥调度、分析评价结果和灾害损失评估等信息，方便领导直观了解态势发展和阶段结果（图5-58）。

省市级人民政府信息发布通过海域专网实时、有效地向各省市级人民政府及海洋行政管理部门发布应急信息，包括应急期间的预警预报信息、应急指挥调度、分析评价结果等信息，方便各省市指挥决策（图5-59和图5-60）。

面向社会公众的应急信息，通过Web、微信、微博、短信、电视、广播、LED等手段，实时、有效地向社会公众发布海洋环境保护政务公开信息和海洋防灾减灾公众信息等事关公共海洋环境权益和公众切身环境利益的应急信息，与海洋局门户网站形成互补，让公众有机会关注，保障公众的环境知情权，提高全民防护意识和开展应急防灾措施，提升对海洋灾害的防御能力。

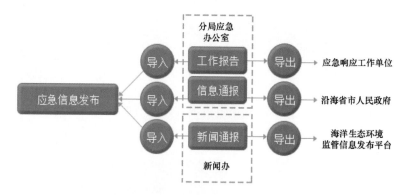

图 5-58　应急系统发布数据流

图 5-59　信息通报

图 5-60　文件传输

5.8 审批管理子系统

审批管理子系统分为待办项模块和已办项模块。系统中所有的任务的上传下达、实施方案的提交、应急数据的提交以及各种工作报告的提交和传达都需要经过领导的同意之后才会从系统中发送出去（图5-61）。

在待办项模块，用户可以查询到需要审批的任务、数据和报告等，双击即可转到业务处理界面，对选中的任务进行处理（图5-62）。

在已办项模块，用户可以查询到自己已经审批过的任务、数据和报告等，双击即可转到查看界面（图5-63）。

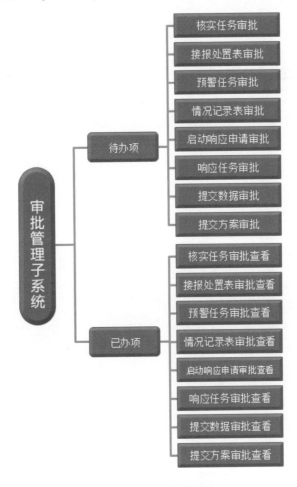

图 5-61 审批管理框架

图 5-62　审批待办项

图 5-63　审批已办项

6 全国海洋突发事件应急管理系统应急移动端

6.1 基本模块

6.1.1 用户登录

打开海洋突发事件应急管理系统 APP 显示登录页面，在登录界面先选择部门，如图 6-1 所示。

图 6-1 APP 显示的登录页面

选择部门后选择领导，输入密码之后，点击立即登录按钮，系统进入用户的主界面，如图 6-2 所示。

图 6-2　进入用户的主界面

在登录成功之后，会提示保存用户名和密码，点击确定，自动保存，下次登录的时候就可以不用重复输入用户名和密码了（图 6-3）。

6.1.2　主界面

主界面共分为 4 个部分，最上方是工具栏，工具栏上的布局从左至右为菜单按钮、系统标题、消息按钮、快捷入口按钮。工具栏下方是 5 种事件类型的分类图标，图标右上角的角标表示该类事件当前正在进行中的事件数量。再下面是正在进行中的事件列表。页面底部是历史事件（图 6-4）。

从分类图标点击进入，会查询出来系统的所有事件，包括历史事件。从历史事件的事件类别图标进入之后，会跳转到该类型事件的历史事件列表。

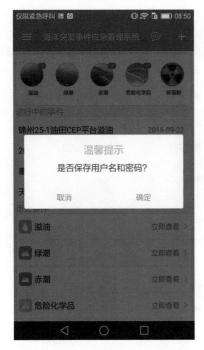

图 6-3　登录提示界面

图 6-4　主界面

6.1.3　事件类型列表

以溢油事件为例，在首页点击溢油事件，进入溢油事件列表。溢油事件列表中显示所有的事件类型为溢油的事件，包括正在进行的事件和历史事件（图 6-5）。

点击事件类型列表页面右上方的上报事件按钮，进入到上报事件页面。此方法进入事件上报时，事件类型默认为事件类型列表的事件类型，报告单位默认为该用户所在的单位，不可更改，如图 6-6 所示。

6.1.4　系统图标提示

在系统页面，海洋突发事件应急管理系统 APP 的图表右上角的红色角标。红色角标中的数字为首页消息列表中未读消息的个数，如图 6-7 所示。

103

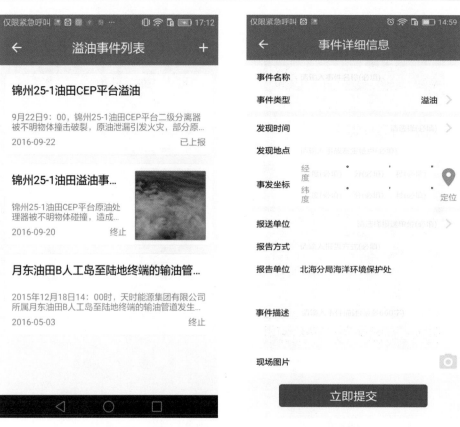

图 6-5　溢油事件列表　　　　　　图 6-6　上报事件页面

图 6-7　红色角标

6.2 菜单

点击首页的菜单按钮，弹出菜单，菜单中有 5 个功能模块，分别为清理缓存、使用帮助、检查更新、关于我们、退出，如图 6-8 所示。

图 6-8 首页的菜单按钮

6.2.1 清理缓存

点击首页菜单中的清理缓存功能，如图 6-9 所示。

点击清理缓存按钮可以清除当前缓存的图片、视频和 PDF 文件。

图 6-9 清理缓存功能

6.2.2 使用帮助

点击首页菜单中的使用帮助功能，如图 6-10 所示。

在使用帮助功能中可以查看应用的基本操作。

6.2.3 检查更新

点击首页菜单中的检查更新功能，如图 6-11 所示。

点击检查更新按钮可以检测当前应用是否为最新版本，如果有新版本可以选择更新应用。

6.2.4 关于我们

点击首页菜单中的关于我们功能，如图 6-12 所示。

可以查看到相关信息。

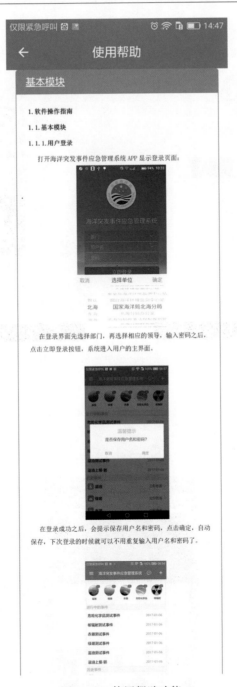

图 6-10　使用帮助功能

图 6-11　检查更新功能　　　　图 6-12　"关于我们"的功能

6.2.5　退出

点击首页菜单中的退出功能，如图 6-13 所示。

图 6-13　退出功能

点击退出功能，弹出对话框，确定后返回登录页面。

6.3 消息通知

点击消息按钮进入消息列表页面，如图 6-14 所示。

图 6-14 消息列表页面

消息的已读和未读用标题的字体颜色来区分。黑色字体为未读消息。灰色字体为已读消息。

6.3.1　通知

当有新的消息通知时，系统会弹出通知，告诉用户有新的消息。用户可以点击应用推送的消息进入消息列表页面，从消息列表页面查看这条新消息（图6-15）。

图6-15　通知页面

6.3.2　消息列表

当消息列表中的某条消息被撤回时，点击该条消息会弹出是否删除此条消息，点击删除可以删除此条消息（图6-16）。

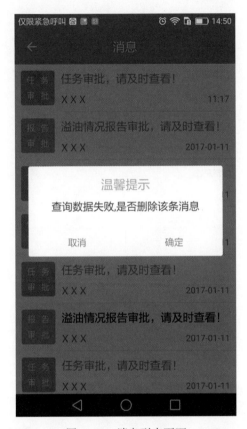

图6-16　消息列表页面

点击其中一条消息可以进入审批管理页面进行审批操作（图6-17）。

图6-17　审批管理页面

当此条消息审批完成之后，消息的状态改为已审批，只可以查看消息内容，

112

不可以再次审批（图6-18）。

图 6-18　审批完成页面

6.4 快捷入口

点击首页的快捷入口按钮，弹出功能列表，一共有 4 项功能，分别是事件上报、数据采集、现场情况和统计分析（图 6-19）。

图 6-19 快捷入口按钮

6.4.1　事件上报

点击首页快捷入口的事件上报功能进入事件详细信息页面，报告单位默认为用户所在的单位（图6-20）。

图6-20　事件上报功能

事件类型需要选择，有5类：溢油、绿潮、赤潮、危险化学品和核辐射（图6-21）。

事件上报成功之后，系统会切换到事件列表。以绿潮为例（图6-22）。

点击其中某条数据会进入到该事件的详细信息页面（图6-23）。

图 6-21 事件类型界面

图 6-22 绿潮事件列表

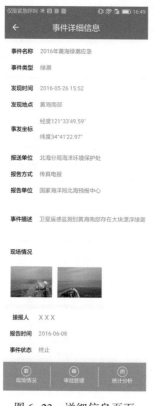

图 6-23 详细信息页面

6.4.2 数据采集

点击首页快捷入口的数据采集功能进入数据详细信息页面，填写事件的详细信息，并提交（图6-24）。

图6-24 数据详细信息页面

如果从快捷入口进入到数据采集页面，那么事件需要手动选择。事件共有5种类型，分别为溢油、绿潮、赤潮、危险化学品和核辐射（图6-25）。

添加图片功能，点击添加图片按钮，弹出对话框。可以拍摄图片或者从相册中选取图片上传（图6-26）。

添加小视频功能，点击添加小视频按钮，录制视频上传（图6-27）。

图 6-25　数据采集页面

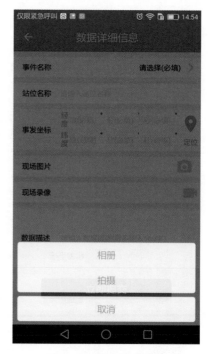

图 6-26　添加图片功能

图 6-27　添加小视频功能

6.4.3　现场情况

点击首页快捷入口的现场情况功能，进入现场情况页面。如果是从快捷入口进入现场情况功能，需要手动选择事件（图6-28）。

1）选择事件

从快捷入口进入现场情况后，点击上方的选择事件输入框，弹出事件列表。有5种类型可以选择，分别是溢油、绿潮、赤潮、危险化学品和核辐射（图6-29）。

图6-28　现场情况页面　　　　　　图6-29　事件列表页面

2）事件详细列表

选择事件后点击立即查询按钮，跳转到该事件的数据列表（图6-30）。

（1）数据采集

点击数据列表页面右上方的数据采集按钮，可以添加该事件的数据采集，进

119

入到数据采集页面后，事件名称默认为该事件的名称，不可更改（图6-31）。

图6-30 数据列表页面　　　　　　　　图6-31 数据采集页面

（2）数据详细信息

点击数据列表中的一条数据，进入到数据详细信息页面，可以查看该数据的详细信息（图6-32）。

图6-32 数据详细信息页面

6.4.4　统计分析

点击快捷入口的统计分析功能，进入统计分析页面，从快捷入口进入统计分析页面需要手动选择事件和参数，点击右上方的添加数据弹出选择事件的菜单（图6-33）。

选择事件与参数之后点击查看就可以查看该事件的数据图表（图6-34）。

图6-33　统计分析页面

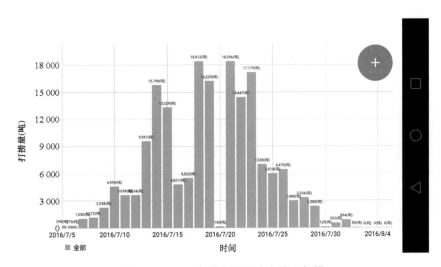

图6-34　2016年黄海绿潮应急海上打捞

1）处置统计

以溢油事件为例，图 6-35 为处置统计的参数类型选择。

图 6-35 处置统计的参数类型选择

2）监测统计

以溢油事件为例，图 6-36 和图 6-37 为监测统计的参数类型选择。

图 6-36 监测统计的参数类型选择

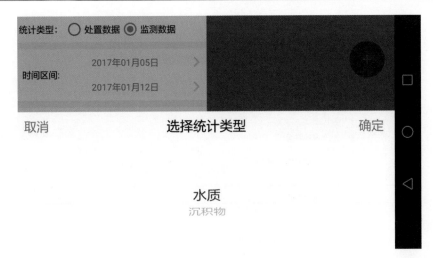

图 6-37　监测统计的参数类型选择

6.5　事件详情

从事件列表、进行中的事件或者历史事件中选择一条事件点击，进入事件详情页面，可以查看有关该事件的详细信息（图 6-38）。

在事件详情页面最下方有 3 个浮动按钮，分别是现场情况功能、审批管理功能、统计分析功能（图 6-39）。

点击事件详细信息中的现场图片，可以进入图片查看页面查看图片。

6.5.1　现场情况

点击事件详情页面中的现场情况按钮，可以直接跳转到该事件现场情况的事件详细列表中（图 6-40）。

6.5.2　审批管理

点击事件详情页面中的审批管理按钮，可以跳转到该事件审批管理页面（图 6-41）。

图 6-38　事件详情页面

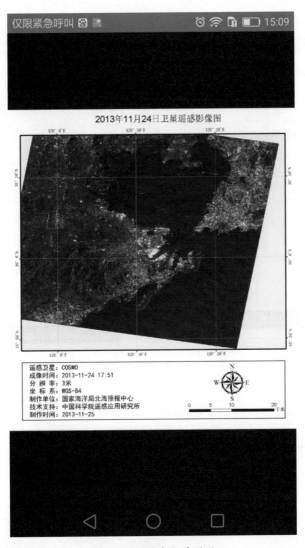

图6-39　图片查看页面

图 6-40　现场情况页面

图 6-41　审批管理页面

6.5.3　统计分析

点击事件详情页面中的统计分析按钮，可以跳转到该事件的统计分析页面。从事件详情页面进入统计分析页面时，事件名称默认为该事件的名称，不可更改（图 6-42）。

图 6-42　统计分析页面

6.6　审批管理

从事件详细信息页面点击审批管理按钮进入审批管理页面。审批管理分为两种类型，分别是未审批、已审批。图 6-43 是未审批页面。

未审批右侧的红色角标中的数字代表的是未审批列表中消息的数量。

在审批列表中审批的类型有多种，多种审批类型中的功能和布局也不相同。图 6-44 为已审批页面。

图 6-43　未审批页面

图 6-44　已审批页面

6.6.1 未审批

图 6-45 为任务审批的未审批事件，当打开添加审批按钮后，弹出选择审批部门和审批人的对话框，当添加审批按钮打开时，不许添加审批部门和审批人。如果点击不同意按钮，默认不添加审批，关闭添加审批按钮。

图 6-45　未审批事件

128

6.6.2   已审批

图6-46为任务审批的已审批事件,事件审批完成之后再次点击进入,可以查看事件的审批信息。

图6-46   已审批事件

有些审批类型的审批信息中还可以查看响应书、命令书等文件（图 6-47）。

海上溢油信息接报处置表

接报日期：2017 年 01 月 11 日

报告单位（人）	北海分局海洋环境保护处	报告方式	电话
溢油发现时间	2017/1/11	位置	北海
油的种类	S	溢油面积(km²)	6
油污染现状描述	好嗯我我去喀江魔 root 默默岂		
接报部门	北海分局海洋环境保护处	接报人签字	应急响应办公室
应急响应办公室收报日期与时间	2017/1/11	收报人签字	X X X
分析、判断核实情况	判断核实		
溢油应急响应办公室建议是否进入应急响应预警及采取行动的方式	采取行 主任签字：X X X 日期：2017 年 01 月 11 日		
应急响应领导小组常务副组长批示	同意 常务副组长签字：X X X 日期：2017 年 01 月 11 日		
备注	备注		

图 6-47　审批信息

7 全国海洋突发事件应急管理系统应用

系统在建设过程中历经反复测试、完善、开发等阶段，系统建设后期，预期通过 2015 年 12 月的"2015 渤海海洋石油勘探开发溢油应急演习"来检验系统的应用效果。但是，2015 年 8 月天津市突发"8·12"燃爆事故，为了积极响应国家海洋信息化建设目标，让系统最大程度地发挥其功效，分局将系统应用时间节点提前，通过此次事故试运行系统。2016 年系统又在"国家海洋局黄海跨区域浒苔联防联控"、秦皇岛赤潮以及"2016 渤海海洋石油勘探开发溢油应急演习"中得到了充分的运行检验。通过多个真实应急事件及桌面演习，系统稳定性得到了大幅提升，运行情况也趋于稳定，尤为可贵的是借此积累了大量宝贵的数据以及相关报告、文件，为今后应急突发事件的监视监测、处置决策、灾害评估等方面提供了丰富的知识积累。

7.1 天津"8·12"燃爆事故

2015 年 8 月 12 日 23：30 左右，位于天津滨海新区第五大街与跃进路交叉口的天津东疆保税港区瑞海国际物流有限公司危险品仓库发生爆炸，并造成部分危险化学品泄漏（见图 7-1）。

事故发生后，国家海洋局组织北海分局和天津市海洋局立即在事故现场附近、天津港港池海域以及天津港以东海域，开展了事故邻近海域海洋环境实际情况调研，并开展初步影响应急监测工作。与此同时，国家海洋突发事件应急管理系统工作组同步筹备调试危险化学品应急功能模块，为应急事件在系统中的应用提供保障措施。

8 月 13 日，成立现场指挥部，下设指挥部办公室、监测评价组、监视执法组、专家咨询组、应急处置组及保障组 6 个组，指挥各部门进行事故应急工作。8 月 14 日，国家海洋局下发《关于做好天津滨海新区危化品仓库爆炸事故海上应急监测工作的通知》，同意按照现场指挥部报送的监测方案进行事故

图 7-1　事故现场前后比对照片

的应急监测。与此同时，国家海洋突发事件应急管理系统经过多轮调试、测试成功，并在系统内建立了"8·12"燃爆事故应急事件进行系统危化品泄漏模块试运行。

针对此次事故，国家海洋局北海分局建立了系统试运行工作方案，并进行了详细的工作分工。参加单位包括国家海洋局、天津市海洋局、国家海洋局北海分局、国家海洋局北海分局环保处、国家海洋局北海环境监测中心、国家海洋局北海预报中心、国家海洋局北海信息中心、天津海洋环境监测中心站、中海油环保服务（天津）有限公司（表7-1）。

表 7-1　"8·12"危险化学品泄漏应急系统工作内容

工作组	工作内容
领导小组	下达应急工作指示； 查看每日应急工作情况
现场指挥部	查看每日应急工作情况； 批示相关工作报告； 下达应急工作指示
协调小组	汇总每日应急监测

工作组	工作内容
应急办公室	发起应急事件； 汇总监测、预测数据及报告； 撰写工作通报； 上报每日工作报告； 撰写新闻通报； 撰写报国务院事故调查组监测信息
监测评价	制定应急监测方案； 提交最新事故现场遥感图片； 开展应急监测工作（船舶、遥感）； 上传应急监测数据； 撰写、上传应急监测快报
	制定排污口应急监视监测方案； 开展排污口应急监测工作； 上传应急监测数据； 撰写、上传应急监测快报
预报预测	开展每日环境预报； 上传风场、流场预报数据； 撰写海洋环境预报
	开展每日污染物扩散风险评估工作； 撰写、上传风险评估报告
应急处置	制定应急处置方案
航空监测	开展事故区域无人机监测； 撰写、上传航空监测报告
信息归档	提供事故发生区域海洋环境基础背景信息； 归档每日应急工作产生的公文、报告等文档信息

全国海洋突发事件应急管理系危化品泄漏功能模块通过天津"8·12"燃爆事故的应用，使系统的功能及业务流程得到了良好的检验效果，通过此次应用，系统中获取了大量宝贵的第一手资料，包括船舶监测、航空遥感、模拟预测在内的大量数据产品，为应急决策工作提供了具有时效性、可视化、科学性的决

策依据（图7-2和图7-3）。

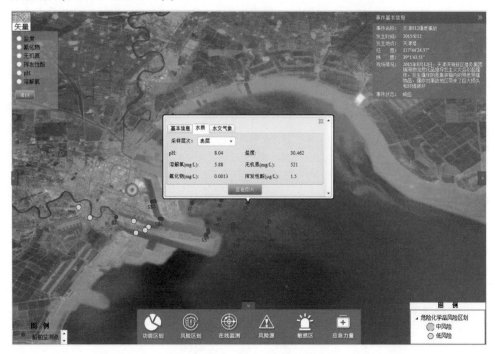

图7-2　天津"8·12"燃爆事故

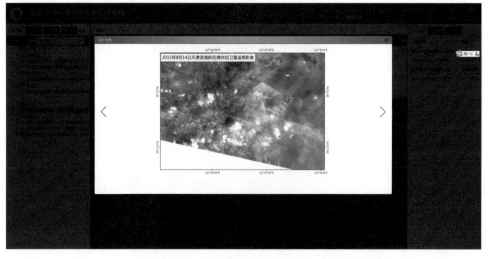

图7-3　天津"8·12"燃爆事故现场卫星遥感数据产品

7.2 渤海海洋石油勘探开发溢油应急演习

2015 年 12 月 18 日，北海分局环保处在分局机关 22 楼指挥厅组织召开了基于应急管理系统的"2015 渤海海洋石油勘探开发溢油应急桌面演习"。

此次演习方式为桌面演习。演习场景为天时能源集团有限公司所属月东油田 B 人工岛至陆地终端的输油管道发生原油泄漏事故。各部门、单位根据各自职责和溢油应急领导小组指令，基于"全国海洋突发事件应急管理系统"开展溢油应急响应工作，及时反馈信息。演习过程除必要的对外联系外，全程通过"全国海洋突发事件应急管理系统——溢油应急管理子系统"进行"实战化"模拟。演习内容按照《国家海洋局北海分局海洋石油勘探开发溢油应急预案》中的责任分工，根据演习设定的情景，分别向分局所属单位及有关部门、单位发出相关演习通知并开展演习（图 7-4）。

图 7-4　桌面演习现场一

在溢油演习中，各业务单位各司其职，按照《国家海洋局北海分局海洋石油勘探开发溢油应急预案》进行桌面演习，应急响应工作快报、监测快报、监测与评价工作方案、损害评估报告等各类报告通过系统快速上传，快速审批。演习中采用了航空、遥感、船舶、陆岸、漂移扩散模拟等多种技术手段，各种技术手段的产品数据通过系统进行了高度融合，真正实现了系统内"一张图"展示溢油应急业务流程的全部信息（图7-5和图7-6）。

图7-5 桌面演习现场

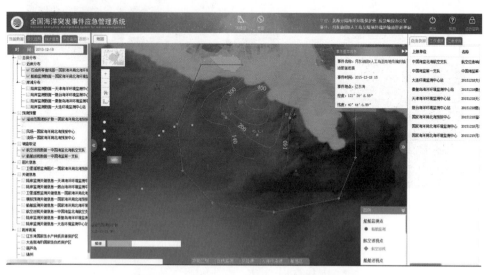

图7-6 系统内"一张图"展示所有信息

本次演习检验了各单位《国家海洋局北海分局海洋石油勘探开发溢油应急预案》学习贯彻情况和危机管理能力。锻炼分局各级应急响应队伍，提高分局海洋石油勘探开发溢油应急响应工作整体水平。推动了"全国海洋突发事件应急管理系统溢油应急管理子系统"的培训、应用，结合演习进行全面测试，征集用户反馈意见进行系统完善。

根据 2015 年 12 月进行的"渤海海洋石油勘探开发溢油应急桌面演习"情况和各参演单位反馈意见，完成了二期需求调研方案暨《海洋突发事件应急管理系统需求解决方案》的编制，将系统并入全国海洋生态环境监督管理系统并及时更新，保障全国海洋生态环境监督管理系统试运行工作正常开展。

为了持续检验系统的稳定性，检验系统二期的运行效果，2016 年 9 月 22 日，北海分局环保处在分局机关 22 楼指挥厅组织召开了基于应急管理系统的"2016 渤海海洋石油勘探开发溢油应急桌面演习"。此次演习实现了与石油公司的互联互通，真正意义上实现了溢油应急全业务流程的系统运转。

7.3   2016 年国家海洋局黄海跨区域浒苔联防联控

近年来黄海绿潮连续大规模暴发，从江苏盐城到山东半岛南岸的近岸海域和沿岸地区均不同程度遭受其影响。绿潮灾害暴发的时期恰逢山东滨海城市旅游业最为旺盛的时期，对山东省的滨海旅游业这一重要经济产业造成了很大的影响，传统的海洋生态环境监督管理手段已不能满足日益复杂的海洋环境事件，因此对绿潮防灾减灾工作提出了更高的要求。2016 年 6 月，国家海洋局北海分局首次将全国海洋突发事件应急管理系统应用于绿潮应急业务，即 2016 年国家海洋局黄海跨区域浒苔联防联控。

2016 年国家海洋局黄海跨区域浒苔联防联控应急工作中，应急管理系统已经作为应急单位工作信息通报渠道和指挥小组信息共享平台在国家海洋局、国家海洋局北海分局、国家海洋局东海分局、山东省、江苏省、青岛市使用，国家海洋局环保司下发了《关于开展海洋突发事件应急管理子系统浒苔绿潮灾害应急信息录入的通知》，要求各单位将卫星、航空、船舶、陆岸等监视监测数据、发展预测预报信息、处置措施等情况，浒苔清理打捞量及灾害损失等信息按时上报应急管理系统。这一通知将绿潮应急系统的应用范围直接从国家海洋局北海分局扩大到了全国绿潮应急的所有相关单位，对于系统是一次难得的大规模实战检验机会（图7-7）。

图7-7　系统内船舶监测图片数据

　　系统预期是在国家海洋局北海分局范围内开展试运行一年后再进行全国范围的系统部署，一方面是为了系统通过试运行期间进行进一步完善，确保系统在全国范围部署之前能够稳定运行，避免出现较大的系统问题；另一方面按照《全国海洋突发事件应急管理系统建设方案》的工作部署，地方海洋部门需要布设独立的服务器和数据库。然而在当前绿潮应急期间，已经不能按照方案建设初衷开展，只能将各分局及其局属单位、各地市的数据全都直接集中录入监测中心搭建的服务器中的应急系统数据库，绿潮应急期间报送单位多，数据量大，对系统后台的运行压力非常大。系统工作组和开发工作组加班加点开发、调试，确保系统稳定运行。

　　系统开发工作进行的同时，制度建设也在有条不紊地稳步开展，国家海洋局北海环境监测中心作为应急系统技术支撑单位，建立了黄海跨区域浒苔联防联控应急保障机制，针对联防联控应急工作责任单位进行了系统培训，设立了应急系统技术支撑联系电话、电子邮箱和工作联络微信群，保障应急管理系统正常运行（图7-8）。北海监测中心内部建立了应急信息组，特制定了《2016年北海监测中心绿潮灾害监测预警工作方案》，方案明确了绿潮应急期间各小组分工及对接方式，并对应急期间系统的数据传输建立了值班制，确保系统数据及时高效、准确无误。

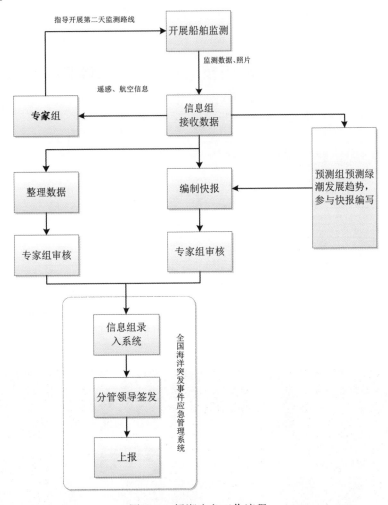

图 7-8　绿潮应急工作流程

系统运行之初，由于使用范围广，业务人员对系统依然处于边摸索边使用的阶段，在数据上报过程中时常出现数据缺失、擅自改动模板文件、上传图片不规范等问题。经过半个多月的运行，绿潮应急业务人员对系统的使用逐渐熟练，各责任单位当天数据上报情况基本正常，系统的运行有效提高了各省市、海区分局信息的报送时效和情况展示，实现国家海洋局环保司、海区分局、沿海省市等海洋行政主管部门的决策信息共享展示，有效地提升应急工作的规范化、高效化，达到了预期的成效。

在绿潮应急中后期，绿潮漂移至威海荣成近岸海域，考虑到绿潮期间有可能造成水母聚集对海阳核电站造成影响，在进行绿潮应急的同时，同步开展了海阳核电站附近海域水母监测，并将监测数据录入应急系统进行跟踪分析（图7-9~图7-11）。

6月30日海阳核电附近海域水母监测巡视快报

　　6月30日海阳当地低潮时间1804时，最大潮差250cm。风向基本为向岸南风。海上船舶监测巡视时间3个小时，巡视路径约13海里。巡视中共发现海蜇（*Rhopilema esculentum*）5只，沙海蜇（*Nemopilema nomurai*）1只。发现海蜇及沙海蜇经纬度及伞径见表1-1。根据船只走航距离与时间推算，巡视海域海蜇密度约为393只/km²。考虑到巡视海域有大量浒苔漂浮，影响观测视线，海蜇实际密度应远远大于估算值。根据巡视结果，本时间段此海域水母密度不高，没有达到灾害程度。

　　在巡视过程中发现在36°43′27″N，121°24′03″E附近海域有数艘小型渔船正在进行捕捞作业，捕捞对象基本为海蜇。经现场咨询捕捞渔民，每日一艘船只基本能够捕捞海蜇和沙海蜇约150~200kg。

站号	北纬	东经	种类	数量	伞径（cm）
5	36°43′49″	121°28′07″	海蜇	1	13
6	36°44′02″	121°27′59.6″	海蜇	1	10
7	36°44′27″	121°26′58″	海蜇	2	10、10
8	36°44′21″	121°25′56.6″	海蜇	1	15
9	36°43′34″	121°25′06.5″	沙海蜇	1	20

图7-9　黄海跨区域浒苔联防联控应急系统数据展示一

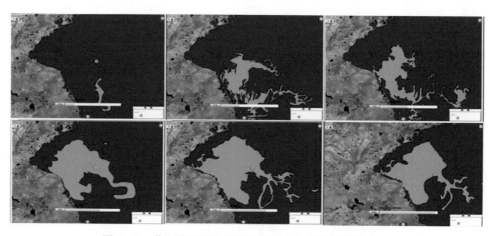

图7-10　黄海跨区域浒苔联防联控应急系统数据展示二

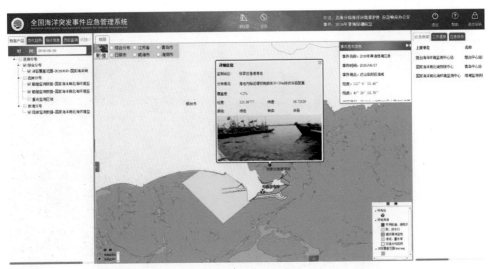

图 7-11　2016 年 6 月底张家庄渔港港池内浒苔聚集

7.4　秦皇岛赤潮

2016 年 8 月 4 日，卫星遥感在秦皇岛海域发现疑似赤潮，卫星遥感显示，在秦皇岛金山嘴近岸海域（39°54′23″—39°35′52″N，119°29′56″—119°48′43″E）发现疑似赤潮，分布面积约 400 平方千米（图 7-12）。

2016 年 8 月 5 日，北海分局立即派出相关负责领导及系统应急工作组成员赴秦皇岛进行业务指导，组织秦皇岛中心站监测人员赴现场进行赤潮确认并开展监视监测。

2016 年 8 月 5 日，秦皇岛中心站监测人员赴现场进行赤潮确认，海水呈砖红色，分布面积约 75 平方千米，优势种为夜光藻、微小原甲藻、柔弱伪菱形藻和中肋骨条藻，最大密度分别为 $8.6×10^4$ 个/升、$7.12×10^5$ 个/升、$4.32×10^6$ 个/升、$1.35×10^6$ 个/升。根据应急系统内卫星遥感监测结果对赤潮进行 48 小时漂移预测，预计：8 月 4 日 10 时至 8 月 5 日 10 时，赤潮主体向北偏东方向漂移约 1.5 千米；8 月 5 日 10 时至 8 月 6 日 10 时，赤潮主体向偏北方向漂移约 1.2 千米。赤潮分布及漂移预测如图 7-13 所示。

此次赤潮灾害从发生到结束，历经半个多月，每一天的赤潮分布情况及预测预警信息都通过系统可视化地展示出来，与此同时，秦皇岛中心站每一天的应急

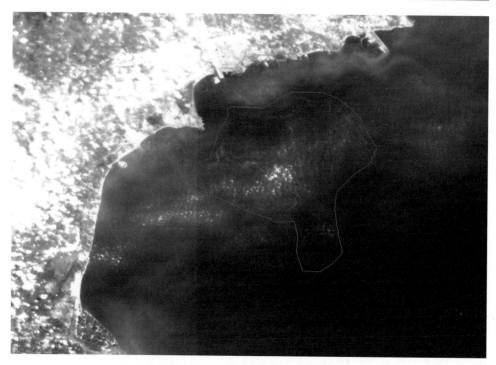

图 7-12　秦皇岛海域遥感影像

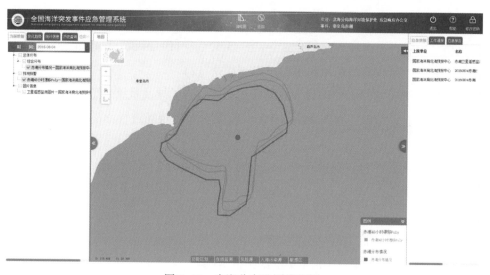

图 7-13　赤潮分布及漂移预测

监视监测工作快报及北海预报中心的应急预测简报都通过系统上报，供应应急决策工作组决策分析并进行下一步工作部署。

　　通过此次赤潮灾害在系统中的应用，系统赤潮应急管理子系统得到了很好的检验，取得了较好的应用效果，同时积累了大量的宝贵资料，对于今后赤潮应急工作起到了非常好的示范作用，提供了重要的数据和经验。